KB003179

곽재식의 미래를 파는 상점

곽 재 식 의

미래를 파는 상점

SF 소설가가 그리는 미래과학 세상

곽재식 지음

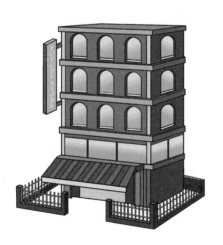

다른

들어가며

SF 소설이
현실이 되기 위해서는

저는 작가로 일하면서 SF 소설을 많이 썼습니다. 아무래도 SF라고 하면 우주선이 날아다니고 광선총을 든 채 외계인과 모험을 하는 내용이 쉽게 떠오르기 마련이지 않습니까? 당장 저만 해도 그런 이야기를 무척 좋아합니다. 그래서인지, 사람들이 SF 작가들에게 미래에 대해 물어볼 때가 자주 있습니다. "작가님 작품에 나오는 우주선은 언제쯤 타고 다닐 수 있을 거 같나요?" 이런 질문을 하는 분도 많을 것입니다.

그런 질문에 대답을 하려고 여러 차례 고민하다 보니, 저 스스로도 궁금해졌습니다. 상상하던 미래 모습은 언제가 되면 경험할 수 있을까? 그런 일이 벌어진다면 그 직전에는 어떤 일이 일어날까? 뉴스를 보면 미래에 어떻게 될지도 모른다는 소식이 들려오는데 정말로 그럴까? 이에 대한 답을 미리 마련해 두고 싶다는 생각이 들었습니다.

이 책은 그러던 차에 마침 그에 대한 글을 쓸 기회를 만나 답을 고민해 본 결과입니다. 이 책에서 저는 미래 세상에서 유행하는 여러 가지 물건을 파는 상점에 가서, 그 상점을 구경하는 이야기를 써보았습니다. 그리고 상점을 돌아다니며 미래에는 어떤 물건이 생겼는지, 그 물건들 때문에 세상이 어떻게 달라지고 있는지 설명을 덧붙였습니다.

아무래도 소설을 쓸 때는 이야기가 재미있고 감동적이도록 생각을 짜내기 마련입니다. 그렇지만 이 책을 쓸 때는 실제로 일어날 가능성이 얼마나 있는 일인지에 초점을 맞췄습니다. 이 책에서 말하고 있는 미래라는 것은 대체로 앞으로 3년 후에서 30년 후에 일어날 일에 대해 제가 궁리한 것이라고 보면 되겠습니다. 그러니까, 직접 미래를 경험할 여러분은 2023년부터 2050년 사이에 아마 제가 써놓은 답이 얼마나 맞았는지 하나하나 채점해 나갈 수 있을 것입니다.

책 내용 중에 '미래 시대에는'이라는 말이나 '요즘은' 같은 말로 써둔 것은 미래에 일어날 일을 제가 예상한 이야기들입니다. 반면 '2010년', '2020년 무렵', '20세기'와 같은 말을 써서 구체적으로 시점을 밝힌 것은 실제로 이미 일어난 사건에 대해서 쓴 이야기입니다. 글을 읽다 보면, 벌써 이렇게 신기한 일이 세상 한편에서 이루어지고 있는가 싶어서 놀랄 대목도 있을 것입니다. 그리고 보면 새로운 과학기술이 바꾼 미래 세상은 어느 날 갑자기 찾아오는 것이 아니라 지금도 쉼 없이 오고 있는 중이 아닌가 하는 생각도 듭니다.

미래에 대한 책이라고는 하지만, 미래에 대한 예상을 밝히는 것만이 이 책을 쓴 이유는 아닙니다. 사실 이 책은 미래 시대를 배경으로 물건을 파는 커다란 3층짜리 상점에 대한 이야기이기는 합니다만, 사람들이 인터넷으로 온갖 물건을 주문하는 요즘 시대에 과연 3층짜리 상점이 얼마나 남을지부터가 예상하기 어려운 일이 아닐까요? 그러고 보면, 저는 2009년에 미래가 되면 우리나라 과학기술부에서 외계인과 통신을 할 것이라는 소설을 쓴 적이 있습니다. 아직까지도 외계인과 통신하는 일은 멀게만 느껴지는데, 부끄럽게도 그때로부터 10년이 지나지 않아 과학기술부라는 정부 부서 이름이 두 번이나 바뀔 것은 전혀 예상하지 못했습니다.

그래서 대신에 이 책에서는 지금 우리가 개발하고 있는 과학기술이 미래를 어떻게 바꿔 놓을지 이야기하면서, 그 과학기술이 어떤 것인지, 과학기술의 어떤 부분을 발전시키기 위해서, 왜 사람들이 노력하고 있는지 말하려고 노력했습니다. 사실은 이 부분을 밝혀 쓰기 위해 더 노력을 많이 기울였으니, 이 책의 핵심 내용은 거기에 있다는 생각도 해봅니다.

그러니까 "미래에는 우주선을 타고 외계인을 만나러 갈 거예요"라고 말하고 마는 것이 아니라, 우주선을 만들기 위해 사람들이 어떤 과학기술 원리를 이용하려고 하는지, 그것이 무엇인지 설명하기 위해 노력했습니다. 다만 제가 모든 분야에 정통한 만물박사가 아닌 만큼, 모든 물건에 대해 깊이 다루기보다는 미래를 생각할 때 같이 떠올릴 수 있는 과학기술 여럿을 간략히 소개해 보는 데

초점을 두었습니다.

　그러니 책을 읽으면서 "이런 것은 더 알아보고 싶은 기술인데", "이런 분야는 내가 직접 맡아서 일해 보고 싶어" 하고 느낀다면, 그에 대해 전문가들이 쓴 책과 더 자세한 자료를 직접 찾아보길 바랍니다. 그런 마음이 들게 할 수 있다면 저는 정말 책을 쓴 보람을 깊이 느낄 것입니다.

　이 책을 쓰는 데는 대통령 직속 4차산업혁명위원회라는 곳에서 잠깐 글을 써달라는 의뢰를 받아 그곳 분들과 함께 일했던 경험이 많은 도움이 되었습니다. 그러기에 끝으로 4차산업혁명위원회 분들에게 감사의 말을 다시 한번 올리고자 합니다.

－ 반포에서

목차

 가전 코너

미래 시대로 떠나기 위한
최소한의 가이드

1 이 책의 설정은 미래 상황을 가정한 것입니다. '요즘', '최근', '지금'은 모두
   미래 시점을 기준으로 한 것입니다.
2 실제로 일어났거나 증명된 사실은 정확한 연도를 표기했습니다.
3 각 장 앞의 <쇼핑을 시작하기 전에>는 독자의 이해를 돕기 위해 주요 용어 풀이와
   오늘날 발전 상황을 설명한 것입니다.

"미래 시대에 필요한 모든 것을 판매합니다."
최근 동네에 새로 생긴 상점의 광고 문구였다.

과연 저 3층짜리 큰 건물 속에서 무엇을 팔고 있을까? 다른 상점에서도 흔히 파는 물건을 훨씬 싸게 팔고 있을까? 아니면 한 번도 보지 못한 신기한 물건이 있을까? 상점 앞을 지나갈 때마다 항상 궁금했다. 그러고 보니 오늘따라 사람이 많은 것 같아 보인다.

이참에 상점에 들어가서 세 층을 모두 둘러보고 나오는 것도 좋겠다. 나는 1층 입구, 상점 문 앞으로 걸어가기 시작했다.

가전 코너

스마트폰을 충전하는 옷 × 미래 배터리
사람보다 편안한 로봇 점원 × 지능형 로봇
모든 사람을 위한 컴퓨터 × 초저가 디스플레이
되살아난 조선 시대 물시계 × 3D 프린팅

스마트폰을 충전하는 옷
미래 배터리

쇼핑을 시작하기 전에

× 2차 전지

전지는 보통 화학 물질이 갖고 있는 에너지에서 전기 에너지를 발생시키는 장치를 부르는 말이다. 그중에서도 2차 전지는 한 번 방전되면 쓸 수 없는 1차 전지와 달리 충전해서 계속 쓸 수 있는 전지다. 외부에서 전기 에너지를 가하면 그 에너지로 화학 물질에 에너지를 넣고, 전기가 필요할 때 다시 꺼내 쓸 수 있다.

× 리튬 이온 배터리

리튬이라는 금속 원소가 들어 있는 화학 물질에서 전기를 띈 리튬이 흘러나와서 전지 속에서 이동하는 화학반응을 활용하는 2차 전지다. 이때 전기를 띈 리튬을 리튬 이온이라고 부르기 때문에 이런 이름이 붙었다. 가볍고 작게 만들기 유리하고 비교적 안전한 편이기 때문에 2020년에도 아주 널리 사용되고 있다.

× 배터리 기술은 지금 어디까지 발전했을까?

2020년 대한민국 임팩테크 대상이라는 시상식에서 우리나라 회사가 휘어지는 배터리를 만드는 기술로 국무총리상을 수상했다. 이 기술이 발전하면 배터리가 전기를 공급하면서도 그 형태는 딱딱한 것이 아니라 구부러질 수 있다. 그러면 시계 끈이나 가방 끈 같은 부분을 배터리로 바꾸는 등 더 다양한 제품에서 전기를 이용할 수 있을 것이다. 전자제품은 더 가벼워지고 모양은 다양해질 것이다.

○ ○ ○

상점에 들어선 뒤 곧장 배터리 진열대로 걸어갔다. 온 김에 전기 자전거 배터리를 새것으로 갈아 끼우기 위해서였다. 동네 가까운 곳에 빨리 가야할 때는 주로 전기 자전거를 타고 다니는데, 배터리가 아직 구형이었다. 구형이라도 크게 불편한 것은 아니다. 그렇지만 신형 배터리는 한 번만 충전해도 오래 달릴 수 있고, 충전 속도도 빠르다.

21세기 초에는 제품마다 또 회사마다 충전식 배터리 규격이 다들 달랐다고 한다. 그래서 한 회사의 전자제품을 사면 배터리도 그 회사에서 파는 것을 끼울 수밖에 없었다.

그렇지만 미래 시대에는 충전용 배터리도 모두 표준 규격으로 팔고 있다. 건전지는 어느 회사에서 만든 것이든 같은 규격 내에서 가장 성능이 좋고 값싼 것을 사서 쓰면 되는 것과 같다. 이제는 스마트폰이나 컴퓨터, 자동차나 자전거에 들어가는 충전용 배터리도 모두 같은 규격으로 나오고 있다. 그렇다 보니 배터리 회사들은 서로 더 좋은 배터리를 만들기 위해 치열하게 경쟁한다. 덕분에 사람들은 좋은 배터리를 싼값에 사서 쓰고 있다.

모든 미래 기술의 아래에는
배터리가 있다

처음 스마트폰이 나왔을 때, 사람들은 세상을 바꾼 기계라며 굉장히 반가워했다. 언제나, 어디를 가든 손안에 고성능 컴퓨터가 있고, 전 세계 어느 누구와도 인터넷으로 통신할 수 있게 된 것은 확실히 큰 변화였다.

스마트폰이 퍼져 나가면서 생활 습관도 완전히 바뀌었고, 즐기는 문화도 바뀌었다. 사람들은 신문에 인쇄되는 기사나 종이책에 찍혀 나오는 소설 대신에 스마트폰 화면으로 읽기 편한 뉴스와 이야기를 더 즐겨 읽게 되었다. 그러면서 스마트폰에 맞춰 작가들이 바뀌었고, 신문사들과 기자들이 바뀌었다. 곧이어 사회 제도와 정치도 더 어울리는 모습으로 빠르게 바뀌어 갔다. 텔레비전 화면에 나와 인기를 얻는 연예인 대신, 스마트폰 화면에서 재미있는 것을 보여 주는 사람들이 유명해지는 시대로 세상이 넘어갔다.

스마트폰이라는 기계는 과거에는 없었다. 그런데, 왜 지금은 이런 것을 만들어 낼 수 있을까? 여러 가지 이유가 있지만 결코 빼놓을 수 없는 중요한 이유는 바로 더 좋은 배터리다.

미래의 배터리는 예전보다 작으면서 많은 전기를 저장할 수 있다. 강력한 성능을 가진 스마트폰 속 컴퓨터를 동작시키기 위해서는 많은 전기가 필요하다. 만약에 좋은 배터리가 없다면, 스마트폰은 지금보다 훨씬 크고 무거울 수밖에 없다. 성능이 나쁜 배터리는 충전하는 시간이 오래 걸리고 조금 사용하다 보면 닳아서 쓸 수 없게 된다. 좋은 배터리가 없었다면 스마트폰을 항상 갖고 다니면서 쓰기는 어려웠을 것이다. 그렇다면 지금처럼 널리 퍼지기란 어렵다.

하늘 곳곳을 날아다니며 온갖 일을 하고 있는 드론도 마찬가지다. 드론은 프로펠러로 날아다니는 작은 전기 비행기다. 배터리 성능이 떨어진다면 배터리는 더 크고 무거울 것이고 드론은 그만큼 하늘로 날아오르기 어려워진다. 설령 날아오르는 데 성공했다 하더라도 오래 날지 못한다. 배터리가 부족한 드론은 그저 장난감처럼 잠깐 하늘을 기웃거리다가 다시 충전하러 돌아와야 한다.

배터리의 성능이 뛰어난 덕에, 드론은 하늘을 훨훨 멀리멀리 날아다니며 임무를 다할 수 있다. 좋은 배터리가 없었다면 드론이 지금처럼 여러 용도로 쓰이며 널리 퍼질 수가 없었다.

공장에서, 거리에서, 학교에서, 집에서 온갖 일을 대신하는 로봇 역시 배터리 없이는 발전할 수 없다. 좋은 배터리 없이 로봇은 강한 힘을 낼 수 없고 마음껏 걸어 다닐 수도 없다. 전기선이 연결되어 있을 때만 제대로 움직일 수 있다. 아니면 잠깐 일을 한 후에 다시 충전하는 곳으로 돌아가야만 할 것이다. 로봇 몸에 붙여 두어도 무겁지 않고 많은 전기를 저장할 수 있는 배터리가 있어야만, 여러 곳에서 다양한 형태의 로봇이 돌아다니며 일을 할 수 있다.

하다못해 방바닥을 청소하는 로봇 청소기마저도 배터리가 강력하지 않으면 쓸모가 없다. 방을 한 바퀴 돌 수 있을 만큼 오래가는 배터리, 먼지를 빨아들일 수 있을 만큼 강한 힘을 내는 배터리가 있어야만 로봇 청소기는 그 몫을 할 수 있다.

청소 로봇이 사소한 사례처럼 보인다면 우주 탐사 임무는 어떤 가? 우주 탐사도 한편으로는 배터리 기술 덕에 활발해질 수 있었다.

로켓에 무거운 것을 실어서 우주로 보내기란 어렵다. 그런데 배터리 기술이 발전해서 가벼운 배터리에도 많은 전기를 저장할 수 있다면, 우주 탐사선의 무게는 한층 가벼워진다. 더 싼값으로 더 멀리 우주 탐사 기계들을 보낼 수 있다. 거친 외계 행성인 화성에서 로봇들이 땅을 조사하러 돌아다닐 수 있는 것도 좋은 배터리가 있기 때문이다. 추운 곳에서도, 뜨거운 곳에서도, 흙먼지가 많은 곳에서도 견딜 수 있는 튼튼한 배터리 덕에, 우리가 보낸 기계들은 힘차게 화성을 달릴 수 있다.

전기 자전거와 전기 자동차 역시 배터리 기술이 발전한 덕분에 더욱 널리 퍼질 수 있었다. 이런 탈것들도 결국 배터리에 저장된 전기의 힘으로 움직인다.

지구의 기후변화climate change를 막기 위해서 사람들이 휘발유 자동차 대신에 전기 자동차를 타고 다니는 세상은 배터리 성능이 좋아져야 가능하다. 온실기체greenhouse gas가 생기는 화석 연료를 써야 할 곳에, 온실기체 없이 다양한 방법으로 만든 전기를 쓰려면 배터리가 꼭 있어야 한다. 그러니까, 온실 효과를 줄이고 기후변화를 막아서 지구에 사는 사람 모두의 미래를 지키는 일 또한 결국 배터리 기술 없이는 할 수 없는 일이다.

이 세상의 굵직굵직한 변화가 결국 배터리가 좋아졌기 때문에 가능했다. 스마트폰을 보면 더 빨리 동작하는 반도체 칩이나 선명한 화면이 가장 중요한 기술인 것 같지만, 배터리 없이는 스마트폰이 바꾼 세상도 없었다. 로봇을 보면 사람과 대화하고 정교하게 움직이는 인공지능이 눈에 뜨이는 기술이지만, 배터리 없이는 로봇도 없었다. 전기 자동차를 보면 미끈한 겉모습이 눈에 들어오고, 우주 탐사선을 보면 불을 뿜으며 우주로 날아가는 광경에 감탄하게 된다. 그러나 그 모든 것이 가능해지려면 언뜻 눈에 잘 뜨이지 않는 배터리를 우선 잘 만들 수 있어야 한다는 이야기다.

물리학, 화학, 전기전자공학, 온갖 학문의 비빔밥

배터리는 그 원리를 따져 보자면, 한쪽에서는 전자electron가 계속 튀어나오고, 한쪽에서는 전자가 계속 빨려 들어가는 현상이 일어나도록 여러 가지 물질을 잘 엮어 놓은 장치다.

습기가 있는 곳에서 쇳조각이 녹슬 때도 이런 현상이 일어난다. 철이 녹슬 때, 철에서는 전자가 튀어나오고 그 전자는 수분 속으로 빨려 들어간다. 배터리는 철과 물보다는 훨씬 좋은 재료를 정교하게 엮어 둔 것이라고 설명할 수 있다. 더 가볍고 작은 크기로 많은 전자를 빨리 튀어나오고 빨려 들어가게 할 수 있도록 개량에 개량을 거듭해 만들어 놓은 것이 요즘의 배터리다. 예를 들어, 21세기에도 널리 쓰던 리튬 이온 배터리lithium ion battery는 리튬 화합물이라고 하는 물질이 전자를 잘 빨아들이고 흑연에서 전자가 잘 튀어나오도록 엮어 놓은 제품이다.

어떤 물질을 어떻게 섞어 놓았을 때 어떤 반응이 잘 일어나는지 따져야 한다는 점에서 보면, 좋은 배터리를 개발하는 과정은 화학 분야 연구처럼 보인다. 그렇지만 물질 표면에서 전자가 들어가고 나가는 과정을 정교하게 따지는 문제는 흔히 물리학 분야에서 연구하는 일이기도 하다. 한편으로 전기와 전자제품을 다룬다는 점에서 바라본다면 전기전자공학 분야 기술이기도 하다. 이런 여러 가지 과학기술 연구의 결과로 배터리 기술은 점점 발전했다.

그렇게 생각해 보면, 배터리가 발전하면서 스마트폰과 드론, 로봇, 전기 자동차가 발전한 모습은 언뜻 별 상관없는 분야의 과학기술 발전이 어떻게 해서 세상을 완전히 바꾸는 변화를 일으키는지에 대한 멋진 예시이기도 하다.

스마트폰 같은 기계가 세상을 바꾸는 일은 그저 프로그래머가 열심히 스마트폰 소프트웨어를 개발하거나 반도체 기술자만 애를 써서 일어날 수 있는 변화가 아니다. 당장 스마트폰과 별 관계가 없어 보이는 화학과 물리학을 연구하는 일이 그 바탕이 되어야 한다.

그렇게 좋은 배터리가 탄생하게 되면서, 엉뚱하게도 조그마한 컴퓨터를 항상 들고 다닐 수 있게 되었다. 그러면서 결국은 문화가 바뀌고 정치가 바뀌었다.

과학과 기술은 이런 식으로 언뜻 보면 별 관계가 없는 영역에 걸쳐 서로 다채롭게 연결되어 있다. 이런 연결 관계를 잘 찾아내고 상상할 수 있다면, 우리는 더 많은 변화의 기회를 찾을 수 있다. 화학이 로봇과 무슨 상관이냐고, 철이 녹스는 현상에 대한 연구와 스마트폰이 무슨 상관이 있겠냐는 태도로 과학과 기술의 영역을 이리저리 갈라놓고 떨어뜨려 놓는다면 세상이 바뀌는 재미있는 모습을 볼 기회를 놓치게 되는 셈이다.

미래 시대의 상점에서 파는 배터리는 더 강력해지고, 새로운 기능을 갖게 된다. 예를 들어서 천이나 종이처럼 마음대로 휘어지고 구부러지는 배터리가 개발될 수도 있다. 만약 이런 배터리를 아주 얇게 만들 수 있다면, 우리는 배터리로 옷을 만들어 입을 수도 있다. 입고 있는 옷 전체가 배터리이기 때문에 저장 용량이 충분하고 옷을 개어서 옷걸이에 걸어 두면 그때부터 충전된다. 스마트폰이나 컴퓨터를 들고 다니면서 배터리 걱정을 할 필요가 없어진다. 설령 옷으로 입을 수 있을 정도가 되는 데는 시간이 좀 걸린다고 해도, 잘 구부러지는 여러 가지 모양의 배터리는 이미 속속 개발되고 있다. 덕택에 전자제품이나 기계의 이곳저곳을 배터리로 바꿀 수 있게 되고, 많은 전기를 쉽게 쓸 수 있게 될 것이다.

배터리를 무선으로 충전하는 기술은 더 널리 퍼질 것이다. 배터리의 구조가 개량되고 무선 충전 기술이 발전하면 그 쓸모는 점점 늘어난다. 전기 자동차를 정해진 곳에 주차시켜 놓기만 하면 바

**우리는 배터리로
옷을 만들어 입을 수도 있다**

닥에 설치된 충전 장치에서 무선으로 전기 자동차 배터리를 충전한다. 식당에 가서 식탁 위에 스마트폰을 올려놓기만 하면 밥을 먹는 동안 스마트폰이 저절로 충전된다.

아예 전기 자전거를 타고 다니는 동안 도로가 자전거 배터리를 충전할 수도 있다. 또는 냉장고에 자석 기념품을 붙여 놓듯이 무엇이든 충전할 수 있는 선반이 이곳저곳에 자리 잡을지도 모른다. 이렇게 어디에서나 전기를 끌어 쓰고 배터리를 충전할 수 있는 곳으로 도시와 사회가 변해 가는 동안, 전기 요금을 치르는 방식이 바뀔 것이고 무료로 전기를 쓸 수 있는 기회도 늘어날 것이다. 그렇게 되면, 경제나 사회 복지에 대한 생각도 바뀔 수밖에 없다.

한편으로는 배터리를 더 안전하게 만들기 위해서 힘을 기울이고 있는 사람도 많다. 지금의 배터리는 많은 전기를 빠르게 저장하고 강력하게 뽑아내기 위해서 화학반응이 잘 일어나는 물질들을 사용한다. 그런데 화학반응이 잘 일어나는 물질은 온갖 물질과 예상 외의 화학반응을 일으켜 자칫 불이 붙기 쉬운 물질을 만들어 내기도 하는 문제가 있다. 앞으로 전기 자동차, 전기 자전거, 집 안 가전제품과 로봇에 배터리가 늘어난다면 혹시나 일어날지 모르는 화재 문제도 같이 걱정해야 한다. 배터리를 개량해서 애초부터 화재에 훨씬 안전하게 만들 수 있다면, 이런 문제에서도 답을 찾을 것이다.

눈에는 덜 띄어도
미래가 확 가까워지는 기술

배터리 기술 발전의 교훈은 다른 영역에서도 그대로 적용할 수 있다. 배터리가 스마트폰, 로봇, 전기 자동차 개발의 바탕이 된 것처럼, 앞으로 또 어떤 분야의 과학이 엮이며 예상 못한 발전을 일으킬지 우리는 꾸준히 지켜보고 상상해야 한다. 무엇인가를 연구하고 개발한다고 할 때, "당장 그게 무슨 소용인가?"라고 따지기보다는, 계속해서 발전해 나가는 여러 가지 영역의 기술을 자유롭게 섞는 것을 상상하면서 새로운 도전을 할 수 있어야 한다.

즉 꽃잎의 색깔을 연구하며 발견한 사실이 언젠가는 깊은 바닷속 잠수함에 요긴하게 적용될 수도 있고, 더 냄새가 좋은 비누를 만들기 위해 연구한 결과가 어느 날 한 나라를 구하게 될지 모른다고 꿈을 꾸는 사람도 있어야 한다는 이야기다.

사람보다 편안한 로봇 점원
지능형 로봇

쇼핑을 시작하기 전에

× 사회적 로봇

흔히 소셜social 로봇이라고도 한다. 사회적 로봇은 인공지능 기술을 이용해 어느 정도의 인지 능력과 교감 능력을 표현하면서 사람의 사회성에 도움을 준다. 즉 로봇이 친구와 비슷한 역할을 하면서 사람의 감성에 영향을 미친다면 이런 로봇은 대체로 사회적 로봇이라고 볼 수 있다.

× 엘리자

엘리자ELIZA는 1960년대 미국에서 개발된 대화 프로그램이다. 이 프로그램을 사용하면 컴퓨터와 사람이 문자 메시지를 주고받으며 대화하는 듯한 체험을 할 수 있다. 매우 간단한 구조에 기능도 뛰어난 편은 아니었지만, 당시에 프로그램을 사용해 본 사람 중 상당수는 깊은 감명을 받았다고 한다. 이 때문에 인공지능과 사람의 감정적인 상호작용이 어떤 것인지 탐구하는 데 중요한 사례가 되었다.

× 사회적 로봇 기술은 지금 어디까지 발전했을까?

2003년 일본의 한 전자 회사가 강아지 로봇을 개발해 판매했다. 2006년에는 충분한 수익이 발생하지 않아 생산이 중단되기도 했지만 2018년에 신기술로 새롭게 개량해 다시 판매하기도 했다. 이 로봇은 사람같이 말을 알아듣거나 친구 역할을 하지는 못하지만, 사람 말을 알아듣는 정도의 행동, 꼬리를 치고 공을 갖고 노는 모습 등을 실제 강아지와 비슷한 느낌으로 보여 줄 수 있어서 6개월 만에 2만 대가 판매될 정도로 인기가 높았다.

○ ○ ○

상점 안에는 곳곳을 부지런히 돌아다니는 로봇들이 있었다. 로봇들은 바닥을 쓸고 닦고 있었다. 사람들이 진열된 물건을 살펴보다가 내려놓으면, 얼마 후 그 위치에 가서 내려놓은 물건을 제자리로 되돌려 놓고 정리한다. 사람이 머리로 기억하는 것에 비해 로봇들의 기억 장치는 훨씬 세밀하고 정확하다. 그래서 원래 위치로 물건을 정리해 두는 일은 사람보다 로봇이 잘한다. 게다가 똑같은 물건을 똑같은 자리로 수백 번, 수천 번 되돌려 놓으면서도 지루해하지 않고 실수하지도 않는다.

사람이 아니기 때문에
더 편한 로봇

로봇 점원들에게는 또 다른 장점이 있다. 예전부터 상점에 들어서면, 상점에서 일하는 사람이 너무 지나친 관심을 보이는 것이 불편할 때가 있었다.

"어서 오세요. 뭐 사러 오셨어요?"

"그냥 구경 좀 하려고요."

편안한 마음으로 무슨 물건이 있는지, 구석구석이 어떻게 생겼는지 오래 따져 보고 싶은데, 아무래도 점원이 지켜보고 있으면 신경이 쓰이기 마련이다. 점원은 분명히 마음속으로 '저 손님이 물건을 사면 좋겠다. 그냥 가버리면 실망이다'라고 생각할 텐데, 사지도 않을 거면서 구경만 하자니 미안한 마음이 든다.

그렇다고 점원이 아무도 없어도 문제다. 누가 드나드는지 마는지 전혀 신경을 쓰지 않아 문제일 때도 있다. 물건을 사러 온 이상, 점원에게 물어보고 싶은 것이 생길 수 있다. "새로 나온 흰색 간장은 어디에 있나요?" "1.5리터짜리 병에 들어 있는 겨자는 없나요?" 그런 것이 궁금할 때는 찾기 좋은 곳에 점원이 있어야 편리하다. 딱히 물어볼 것이 없어도 점원 한두 명쯤은 물건에 신경 쓰고 일하고 있다는 모습을 보여야 상점이 활기차 보이기 마련이다.

즉 점원이 손님에게 처음부터 너무 달라붙어서 "뭐가 필요하세요?", "하나 사시죠"라고 무작정 이야기하는 것도 좋지 않지만, 그렇다고 점원이 손님에게 아무 관심이 없어도 좋지 않다. 손님이 편안할 정도로 무관심하면서, 편리할 정도로 관심을 갖는 점원이 있어야 좋은 상점이다.

그런데 이런 문제에서는 로봇 점원이 유리할 때가 있다. 특히 이 상점처럼 규모가 큰 편인 경우에 로봇 점원이 효과가 좋다. 로봇 점원은 손님 곁을 멀찍이서 따라다니지만 절대 함부로 다가가지도 않고 먼저 말을 걸지도 않는다. 한편 손님 입장에서도 살아 있는 사람이 쳐다보는 것이 아니라, 단지 기계가 가까이 온 것이기 때문에 별로 신경 쓰이지 않는다. '저 로봇은 내가 구경만 하고 간다고 해서 실망할 리는 없겠지.' 다들 이렇게 생각하기 때문에 훨씬 편안하게 물건을 구경할 수 있다. 그러면서도 어느 물건이 어느 자리에 진열되어 있는지, 어느 제품의 성능이 어떤지 로봇에게 물어보면 정확한 기억력으로 훨씬 상세하게 안내한다. 로봇이 도저히 답을 할 수 없는 문제가 생기면 사람 점원을 불러 주기도 한다.

이렇게 로봇은 사람이 아니기 때문에 오히려 감정적으로 편할 때가 있다. 1960년대에 처음으로 컴퓨터와 대화할 수 있는 프로그램인 엘리자가 나왔을 때, 프로그램을 만들고 운영하는 팀을 이끈 요제프 바이첸바움Joseph Weizenbaum은 사람들이 컴퓨터 프로그램을 대하는 태도를 보고 놀랐다.

바이첸바움의 연구팀은 엘리자가 정신과 상담 내지는 심리 상담을 하는 것과 비슷한 프로그램이라고 소개했다. 그런데 사람들 중에는 가끔 이 프로그램과 대화하는 일에 굉장히 깊게 빠져드는 이가 있었다. 이런 사람들은 컴퓨터 프로그램일 뿐인 엘리자에게 자신의 내밀한 비밀과 속마음을 털어놓기도 했다.

만약 사람 심리 상담사였다면 부끄러워서 털어놓지 못할 내용조차도, 엘리자에게는 그저 단순한 기계일 뿐이라는 생각에 별 거부감 없이 이야기 꺼냈다. 아무리 친절하고 사려 깊은 심리 상담사라 하더라도, 그 사람이 나를 속으로 비웃거나 나쁘게 생각할 것 같다는 두려움 때문에 솔직하게 말하기 어려울 때가 있는데, 오히려 아무 생각도 인격도 없는 기계에게는 자기 마음을 그대로 다 보일 수 있었다.

이런 현상은 이른바 '온라인 매장 효과'로 나타나기도 했다. 조금이라도 더 이익을 보기 위해 시끌벅적하게 물건을 사고파는 상가

로봇 점원은 손님 곁을 멀찍이서
따라다니지만 절대 함부로 가까이
다가가지도 않고 먼저 말을 걸지도 않는다

중에는 가끔 점원을 대하기가 두려워지는 곳도 생기기 마련이다.

"손님, 저희 가게에 오세요. 싸게 해드릴게요."

"얼마까지 알아보셨어요?"

"그 값으로는 못 팔아요. 다시 이야기해 보시죠."

호객 행위로 서로 손님을 끌어들이려 하고 가격을 흥정하며 협상하는 일을 피곤하게 여기는 사람도 있었다는 이야기다. 점원을 대하고 서로 눈치를 보는 것 자체를 힘들어하는 사람이다.

그런 사람들은 똑같은 물건을 같은 값에 사더라도 오히려 점원과 흥정하고 눈치 볼 필요 없이 컴퓨터 프로그램을 통해 알아보고 주문하는 온라인 매장, 인터넷 쇼핑을 편하게 여긴다. 그래서 같은 물건을 같은 곳에서 팔지만, 사람과 얼굴을 직접 마주하면서 물건을 파는 방식보다 기계와 컴퓨터 프로그램을 두고 파는 온라인 매장 방식이 좋을 때가 생긴다. 즉 로봇과 컴퓨터 프로그램은 사람이 아니기 때문에 오히려 사람의 감성에 유리하게 다가갈 수가 있다는 뜻이다.

노인과 거동이 불편한 사람을 도와주는 로봇도 비슷한 이유로 인기를 끌었다. 몸을 잘 움직이지 못해 일상생활 속 작은 일도 항상 누군가 도와줘야 하는 노인 중에는 로봇을 더 편하게 여기는 경우가 있다. 나의 내밀한 생활을 다른 사람이 가까이에서 하나하나 도와준다면 아무래도 불편하고 신경 쓰인다. 그렇지만, 사람이 아닌 기계가 도와준다면 오히려 편하다. 하물며 배달 음식을 시킬 때도 사람과 직접 통화하는 것이 어쩐지 신경 쓰이고 불편해서, 인터넷이나 스마트폰으로 주문하기도 한다.

인공지능 프로그램과 로봇이 처음 세상에 쏟아져 나오기 시작했을 무렵, 로봇은 감정이 없고 인공지능은 아무래도 사람보다 인간적인 끈끈함이 없을 것이기 때문에, 인간은 로봇이 따라할 수 없는 감성의 영역에 집중해야 한다고 하는 의견이 꽤 많이 돌았다. 그렇지만, 사실 로봇과 인공지능이 정말로 인기를 끌기 시작한 것은 바로 로봇은 사람이 아니기 때문에 감성적으로 편할 수 있다는 점 때문이었다. 인공지능 로봇은 의외로 이렇게 감성을 파고드는 영역에서 가장 먼저 크게 성공했다.

일상 곳곳에서 쉽게
활용하는 로봇들

나는 물건을 정리하고 있는 로봇에게 물었다.

"로봇을 파는 곳은 어디에 있어요?"

로봇은 얼굴에 있는 화면으로 먼저 나에게 지도를 보여 주었다. 데려다줄 수 있냐고 묻자, 로봇은 그 말을 알아듣고 로봇 매장으로 안내해 주었다. 나는 로봇을 따라갔다.

로봇 매장에는 작고 간단한 기능의 로봇부터 커다란 작업용 로봇까지 여러 제품이 있었다. 아무래도 작고 간단한 로봇은 값이 쌌다. 이런 로봇들은 집 안에 머물면서 같이 잡담을 나누고 몇 가지

놀이를 하는 정도의 일을 한다. 주인이 집을 비웠을 때 집을 지키거나 개나 고양이를 돌보거나 하는 간단한 심부름도 할 수 있다.

이렇게 사람을 대하는 기능이 발달한 사회적 로봇은 주인과 계속해서 대화를 하면서 프로그램을 개선하는 방식을 택하고 있다. 그래서 금세 시시해지거나 쉽게 지루해지지 않는다. 마치 주인과 같이 자라나는 것처럼 변화한다. 필요하다면 로봇 회사에서 자동으로 프로그램 업데이트를 받으면서, 더 재미있는 말과 행동을 자연스럽게 할 수 있도록 내용을 스스로 보충해 나가기도 한다.

사람들이 방에서 로봇하고만 같이 노니 사람을 대할 줄 몰라서 비인간적으로 변해간다는 비판이 한때 유행하기도 했다. 하지만, 그것도 이제는 옛날이야기다. 인간의 심리와 정신적인 반응에 대해 연구한 학자들은 사람의 마음을 위로하거나 치료해 나갈 수 있는 프로그램을 만들어 로봇에 넣어 두고 있다. 로봇을 집에 부담 없이 두고 스스럼없이 이야기를 나누는 가운데 오히려 편견, 시기, 질투심을 줄이고 대인관계를 개선하며 자신감을 가질 수 있도록 인공지능을 활용할 수 있다.

한편 작업용 로봇은 더 빠르게 발전했다. 로봇의 힘이나 관절을 이루고 있는 기계 장치 이상으로 그것을 조종하는 소프트웨어가 개선된 덕분이다. 특히 어떻게 로봇에게 일을 가르치고 잘못을 수정하게 하는지, 사람과 의사소통하는 방법이 개선되면서 더욱 널리 퍼져 나갈 수 있었다.

과거에는 로봇이 팔과 손목, 손가락을 어떻게 움직이며 일해야 할지를 사람이 직접 일일이 프로그램을 만들어서 알려 줘야 했다. 프로그램을 잘 만들 수 있는 전문가만이 그런 복잡한 일에 익숙했다. 어떤 조건에서 어떤 각도로 로봇의 어느 부위가 얼마나 힘을 줄지 하나하나 정해 주려면 시간도 오래 걸렸다. 그 때문에 로봇의 기계 장치 자체는 그렇게 비싸지 않다 하더라도, 내가 필요한 곳에서 원하는 대로 로봇이 움직이도록 소프트웨어를 조작하는 데 너무 많은 시간과 비용이 들었다.

그렇지만 인공지능의 발전으로 이제 로봇에게 일을 알려 주는 방법은 훨씬 간단해졌다. 최신 소프트웨어를 쓰는 로봇은 사람과 사물의 동작을 카메라로 감지하고 그 움직임의 원인과 결과를 파악하며 분석해 인공지능으로 인식한다. 사람이 직접 로봇 앞에서 일을 어떻게 하면 되는지 보여 주면, 로봇은 그대로 동작을 따라 할 수 있다.

김밥 마는 로봇을 만들고 싶으면, 로봇 앞에서 김밥 마는 모습을 한번 보여 주면 된다. 그다음부터는 로봇이 보여 준 그대로 백 줄이고 천 줄이고 반복해서 김밥을 싼다. 처음 일을 시키자마자 정확히 그대로 하는 것은 운이 좋은 일이기는 하다. 하지만 반복해서 시범을 보여 주고 대화하면서 점점 더 김밥을 잘 말 수 있도록 하는 것은 어렵지 않다.

이 때문에, 자동차 공장 같은 곳에나 사용되던 로봇이 미래에는 온갖 소규모 공장, 가게에 널리 퍼지게 되었다. 어떤 공장을 위해 특별히 개발된 특수 로봇이 아니라, 어디에서나 쓸 수 있는 팔과 손이 달린 다용도 로봇이 대량으로 생산되어 싼값에 팔렸다. 이런 로봇을 한 대 사면 무엇을 가르치느냐에 따라 갖가지 일을 할 수 있다. 가끔 취미로 집 안에 전동 드릴이나 납땜 인두같이 흔치 않은 공구를 사두는 사람들이 있는데, 이 사람들이 다목적 로봇을 한 대쯤 구매하기도 했다.

인간문화재를 꿈꾸는
로봇문화재

하물며 이제는 공공기관 주도로 일손이 필요할 때마다 로봇을 빌려 주는 사업도 이루어지고 있다. 20세기에는 나라에서 수도, 전기, 도로를 집집마다 쓸 수 있게 연결하는 것이 사회의 일이었다. 그런데 요즘에는 원하는 사람은 누구나 필요할 때 로봇을 쓸 수 있도록 갖추어 두는 것이 사회의 일이 되어 가고 있다. 그렇게 로봇은 사회 간접 자본social overhead capital 으로 자리 잡고 있다. 일손이 부족한 가정을 위해서 아기를 돌보는 데 도움을 주는 로봇이 있는가 하면 학교 폭력을 막기 위해 일하는 로봇도 있다.

최근에는 기술을 전수할 사람이 마땅치 않은 인간문화재 장인이 로봇에게 자기 기술을 전해 주는 경우도 늘어나고 있다. 로봇에게 기술을 한번 기억시키면, 알려 준 대로 정확하게 반복하는 데다가 시간이 지나도 잊어버리지 않는다. 힘들고 복잡한 기술을 가르친다고 해서 도중에 포기하는 일도 없다. 수십 번, 수백 번씩 조금 다른 동작을 하라고 가르쳐도 그대로 따른다.

마침 상점에 장인 한 사람이 찾아왔다. 그는 수백 년 전부터 내려온 돗자리 짜는 기술을 가졌지만, 막상 어렵고 힘든 기술을 배우겠다는 제자가 없어 고민이라고 했다. 그는 상점에 진열된 로봇들에게 자신의 동작을 그대로 해보라고 하면서, 어느 로봇이 가장 잘 따라 하는지 살펴보고 있다. 자신의 수제자 역할을 할 로봇을 고르고 있는 셈이다.

그런데 인간문화재의 기술을 전수받은 로봇도 인간문화재라고 할 수 있을까? 로봇문화재라고 해야 할까?

모든 사람을 위한 컴퓨터
초저가 디스플레이

쇼핑을 시작하기 전에

✕ 적정기술

적정기술appropriate technology은 기술을 사용할 지역의 필요와 환경을 생각하고 지역 문화를 특별히 고려해서 개발하는 기술이다. 보통 원하는 결과를 얻기 위한 가장 간단하고 쉬운 기술을 말하는데, 대체로 소외된 지역에 적용하기 적합한 기술, 소외된 지역의 문제를 해결할 수 있는 분야의 기술인 경우가 많다.

✕ OLED 화면

현재 저렴하게 대량 생산하는 액정 화면 즉 LCD는 액정이라는 물질이 갖고 있는 전기에 따라 빛을 통과시키기도 하고 통과시키지 않기도 하는 성질을 이용해서 만든 화면이다. 전기 불빛 앞에 액정을 붙여 놓고 보여 주고 싶은 모양대로만 빛이 통과하도록 조작해서 화면을 보여 주는 방식이다. 이에 비해 OLED 화면은 유기발광다이오드라고 하는 전기에 따라 스스로 빛을 내기도 하고 내지 않기도 하도록 조립한 부품을 이용한다. 그래서 보여 주고 싶은 모양대로 직접 빛을 내게 해서 화면을 보여 줄 수 있다.

✕ 디스플레이 기술은 지금 어디까지 발전했을까?

2020년 7월 우리나라 언론 보도에 따르면, 2020년 65인치 OLED 화면 부품의 생산 비용은 약 950달러 즉 110만 원 정도다. 과거에 비해서 크게 낮아진 가격이다. 하지만 여전히 대각선 길이 1.7미터 정도의 화면을 만들기 위해 최소한 110만 원이 넘는 비용이 필요하다는 이야기다. 그런데 이 보도에는 4년 후인 2024년에 이 비용이 절반 정도로 줄어들 것으로 예상한다는 의견이 같이 실렸다. 한편 화면의 두께에 대해서는, 2017년 우리나라의 한 전자 회사가 화면 부품 두께가 2.57밀리미터, 전체 제품 두께는 4밀리미터인 아주 얇은 텔레비전을 개발해 발표했다는 소식이 있었다.

○ ○ ○

상점의 통로 사이에는 겉모습이 책처럼 생긴 컴퓨터가 수북수북 쌓여 있다. 지나가는 사람들은 잠깐씩 눈길을 주었다. 일부러 눈이 많이 가는 위치에 책 모양 컴퓨터를 쌓아 놓은 것이 틀림없었다. 관심이 간다면 한번쯤 사볼 만한 제품이기 때문이다. 이 가볍고 작은 컴퓨터는 가격이 대단히 저렴했다.

"요리하면서 레시피도 찾아보게 부엌에 한 대 갖다 놓을까? 전자레인지에서도 인터넷을 쓸 수 있기는 하지만 귀찮을 때도 있으니까."

지나가던 사람 한 명이 그렇게 말하더니 컴퓨터를 들어서 살펴보았다. "있어도 나쁠 것 없겠지"라는 생각이 들면 큰 고민 없이 쉽게 살 수 있을 만한 가격이다. 심지어 사다 놓고 별 쓸모가 없어도 크게 아깝지 않다. 이런 제품이 미래에는 많이 나와 있다.

더 싸게 만드는
기술의 위력

대단히 저렴하고 작은 컴퓨터가 나온 것은 그렇게 오래된 일이 아니다. 과거에는 오히려 그 반대인 제품이 나왔다. 비싸지만 성능이 뛰어나고, 쓰기 편리하고, 기능이 굉장한 제품을 만드는 회사가 더 많았다. 놀라운 기능의 제품을 만들어야 훌륭하고 발전된 기술이라고 생각했다.

책 모양의 얄팍한 컴퓨터를 만드는 데 가장 중요한 부품은 당연히 화면이다. 컴퓨터에서 가장 큰 크기를 차지하는 부품이기도 하다. 이런 컴퓨터는 대체로 화면을 통해 무엇인가를 보여 주고 알려 준다. 그러니까 화면은 컴퓨터에서 출력 장치 역할을 하고 있다. 손가락으로 화면을 건드려서 무엇을 고를지 선택하고 글자도 입력하니 입력 장치이기도 하다.

과거에는 화면이 화려하고 놀라운 기능을 과시하도록 발전했다. 진짜와 구분할 수 없을 정도로 세밀한 정확도로 사진을 보여 주는 화면, 장면이 빠르게 바뀌는 게임 영상도 부드러운 동작으로 보여 주는 화면, 더 밝고 또렷한 색상을 보여 주는 화면을 만들었다며 회사들은 서로 경쟁했다. 그러다 보니, 실제로 기술도 그런 방향으로 발전했다.

싸움 구경만큼 재미있는 구경도 잘 없지 않은가? 경쟁이 격렬하다 보니 자연히 언론과 사람들의 관심도 그 경쟁을 지켜보는 쪽으로 기울어졌다. 사람들은 어느 회사에서 만든 화면은 1초에 1,000번을 깜빡거리는 영상도 보여 준다더라 하는 이야기에 관심을 가졌다. 빠르게 깜빡거리는 영상을 보여 주는 화면이라는 말은 빨리 움직이는 모습은 정확하게, 평범한 움직임은 더욱 세밀하고 자연스럽게 보여 줄 수 있다는 뜻이다. 이런 이야기가 나오다 보니, 어느 회사에서 만든 화면은 1초에 1,020번 깜빡거리는 영상도 보여 줄 수 있다더라 하는 이야기에 관심이 쏠렸다.

실제로 1초에 1,020번 깜빡거리는 영상을 보여 주는 화면이 1초에 1,000번 깜빡거리는 영상을 보여 주는 화면보다 잘 팔렸다. 화면을 만드는 회사들은 경쟁에서 이기기 위해 노력했다. 더 많은 연구원을 투입하고 더 많은 재료로 실험해서 뛰어난 성능의 제품을 만들려 했다.

그런 경쟁 속에서 화면을 만드는 기술은 계속해서 복잡하고 화려해졌다. 곧 두루마리처럼 돌돌 말아서 들고 다닐 수 있는 화면을 컴퓨터에 붙여 놓고 파는 회사도 나타났다. 이제 컴퓨터는 양초나 조금 굵은 붓 정도의 크기가 되었다. 화면은 그 주위에 김밥처럼 말려 있었다. 말려 있는 화면을 펼치면 큼지막하게 변한다. 가방에 컴퓨터를 넣고 다니기 귀찮아서 주머니에 넣고 다니는 사람들이 과연 좋아할 만한 제품이었다. 막대기만 한 작은 기계를 가지고 다녀야 하지만, 말려 있는 화면을 펼쳐서 쓰면 되니까 오히려 편리했다.

화면을 말아 놨다 펼치는 기술에서 뒤처진 회사들은 또 다른

이 가볍고 작은 컴퓨터는
가격이 대단히 저렴했다

화려한 기술을 선보이고자 했다. 어떤 회사는 투명한 화면을 만들수 있는 기술을 자랑했다. 유리창처럼 건너편이 맑게 내다보이는 화면이었다. 집 창문에 유리 대신 달 수도 있었다. 이 회사 광고 모델은 앞으로는 모든 창문에 투명한 화면을 달아 놓으라고 외쳤다. 커튼을 치는 대신에 검은 화면을 띄우면 바깥 빛이 들어오지 않는다. 화면을 다시 투명하게 바꾸면 환한 햇살이 화면을 통과해 집 안으로 들어온다. 아침에 일어나서 투명한 화면 건너 풍경을 보고 있으면, 경치 위에 오늘 날씨는 어떤지, 일정은 무엇이 있는지 컴퓨터가 표시해 줄 수도 있다.

그 못지않게 화려한 제품을 만들어야 한다고 생각한 다른 회사는 거울 모양 화면을 개발하기도 했다. 자기 전 밤 시간에 이를 닦으러 가면, 거울이 화면으로 변해서 내일 무슨 약속이 있는지 일정을 같이 표시해 준다. 거울에 비치는 얼굴을 보고 안색을 분석해서 얼마나 피곤한지, 건강 상태가 어떤지 알려 주는 기능을 설치할 수 있다고 선전하기도 했다.

이런 식의 화려한 기술 대결은 끝이 없는 것 같았다. 어떤 회사는 자기네 제품은 바닷가에 놀러 가서 물놀이를 하면서도 화면을 볼 수 있는 강력한 방수 기능이 있다고 선전했다. 또 다른 회사는 자기네 제품은 사람 손가락 말고 동물 가죽도 인식할 수 있기 때문에 겨울에 귀찮게 장갑을 벗지 않아도 된다고 광고하기도 했다.

어떤 회사는 화면 두께를 1.5밀리미터로 만들 수 있다고 하고 다른 회사는 화면 두께를 1.4밀리미터로 만들 수 있다고 겨룰 때쯤이었던 것 같다. 그 무렵이 되어 몇몇 사업가와 연구원은 결국 이런 경쟁에 지쳐 버리고 말았다.

이게 과연 필요한 일일까? 화장실에 수백만 원짜리 거울을 달아 두고 아침에 일어나서 일정을 확인하면 정말로 예전보다 행복하고 즐거워질까? 거울 모양 화면을 주저 없이 살 만큼 부유한 사람에게 그 정도 가격은 큰 부담이 아니라는 것은 알고 있다. 그렇지만 그런 귀찮음을 더는 것이 정말로 굉장한 문제일까? 우리 회사 연구원 수백 명이 달라붙어서 밤샘 연구를 하며 고생해야 할 일일까? 힘들여 연구한 결과로 어떤 부자가 이를 닦는 동안 오늘 날씨를 보면서 좀 덜 지루해할 것이니까? 그러면 보람차니까?

그래서 한 회사의 사장과 연구원들은 조금 다른 방법으로 돈을 벌어 보려고 했다.

"이번에 연구팀이 회사의 생산 기계를 개량했습니다. 예전보다 훨씬 품질이 떨어지는 값싼 재료를 집어넣어도 문제없이 작동하고, 그러면서도 생산 속도는 빨라졌습니다. 이 기계를 사용하면 화려한 최고급 제품은 못 만들지만, 싼값에 괜찮은 수준의 화면은 만들 수 있습니다. 성능이 좋을 필요가 없는 투박한 화면이라면 예전의 10분의 1, 20분의 1 가격에도 만들 수 있을 것입니다."

"연구 결과가 좋네요. 고생했어요."

"그런데 사장님, 이렇게 기계 설비를 개선했다고 해서 과연 돈을 벌 수 있을까요? 요즘에는 화려하고 고성능인 신제품을 만들어서 팔아야 할 텐데요."

"우리는 다른 방법으로 돈을 벌 거예요."

성능은 뛰어나지 않지만 예전보다 싸게 화면을 만들 수 있는 기술을 개발한 회사는 그 화면으로 훨씬 값싼 컴퓨터를 만들었다. 그리고 저렴해진 컴퓨터를 개발도상국의 가난한 주민에게 팔고자 했다. 이 컴퓨터는 유리창을 화면으로 치장하고 싶어 하는 선진국 부자에게는 별 볼 일 없는 제품이었다. 하지만 그 정도로 낮은 가격이라면, 지금까지 단 한 번도 자기 컴퓨터를 가져 보지 못했던 가난한 사람에게도 컴퓨터를 써볼 기회를 줄 수 있었다.

컴퓨터를 접해 보지도 않았고 인터넷을 사용한 적도 없는 수많은 사람이 기술의 발전으로 탄생한 이 너무나 값싼 컴퓨터를 가질 수 있게 되었다. 많은 사람이 컴퓨터를 사용할 수 있게 되자 도서관이 없는 곳에서도 궁금한 것을 찾아보게 되었고, 학교가 없는 곳에서도 외국어를 공부하게 되었다.

이런 값싼 컴퓨터를 살 수 없었다면, 평생 자신에게 무슨 재능이 있는지 알기도 어려웠을 어린이가 컴퓨터 프로그램을 만드는 방법을 익히고, 컴퓨터로 만화를 그려 세상 사람에게 선보일 수 없었을 것이다. 사람들은 컴퓨터를 이용해서 인터넷 사이트와 통신 프로그램으로 서로 의견을 나누며 뜻을 모으기도 했다. 범죄를 물리치고 재난에 대비하기 위해 서로 도왔다. 독재 정부의 탄압이 부당하다는 것을 알릴 수도 있었다.

더 넓은 세상으로
퍼지기 위한 기술

10분의 1 가격으로 화면을 만드는 기술은 세계의 일부에만 영향을 준 것이 아니었다. 결국 이런 기술은 선진국 사람의 생활도 바꿔 놓았다.

이렇게 값싼 컴퓨터가 생기자, 학교에서는 모든 학생에게 컴퓨터를 무료로 나눠 줄 수 있게 되었다. 추울 때 학교에서 난방을 하고, 더울 때 학교에서 냉방을 하는 것은 당연하다. 그랬듯이 이제는 학교에 가면 학생 누구나 컴퓨터를 받는 것을 당연하게 생각하는 시대가 이 컴퓨터 덕택에, 화면을 아주 싸게 만들어 내는 기술 덕분에 탄생했다.

학생 모두가 자기 컴퓨터를 갖고 있고, 그 컴퓨터로 공부하고 숙제하는 것을 당연하게 여기게 되니, 학교 수업은 훨씬 다채로워졌다. 1980년대에는 값비싼 비디오 테이프 캠코더(개인이 비디오 테이프 형태의 장치에 영상을 기록하는 아날로그 방식 카메라 장비)를 갖고 있는 집안에서 태어난 어린이만 영상을 촬영해 보는 경험을 할 수 있었지만, 지금은 모든 학생이 학교에서 나눠 준 컴퓨터에 달린 카메라로 자신이 생각한 영화를 찍을 수 있다.

인공지능 분석 본부에서는 학생들이 언제, 어디서, 어떻게 자기 컴퓨터를 사용하고 있는지 그 통계를 집계하고 변화를 추적하는 일도 꾸준히 하고 있다. 분석 결과로 어느 학생이 혹시 학교 폭력에 희생되고 있을 가능성은 없는지, 학대를 당하고 있지는 않은지 점검하고 따져 보기까지 한다.

하늘을 나는 자동차냐,
사과를 따는 로봇이냐

이렇게 적정기술을 향해 나아가는 회사들은 더 많은 사람에게 이득을 주고 있다. 적정기술이란, 그 기술이 사용되는 사회의 필요와 환경을 고려해서 만들어진 기술을 말한다. 미래의 주요 첨단기술 업체들은 대체로 이런 방향으로 기술을 발전시키면서 꾸준히 사업을 키워 나가고 있다.

여전히 하늘을 나는 자동차를 만들어서 교통체증을 싫어하는 억만장자들에게 팔겠다고 하는 회사도 있기는 하다. 하지만 많은 회사가 염소 한 마리 값이면 살 수 있는 저렴하고 작은 전기 경운기를 만들어서 판다. 이런 전기 경운기는 농사를 짓지 못해 식량난에 시달리던 사람들에게 팔려 굶주림을 없애고 있다. 사람과 똑같이 움직이는 아름답고 정교한 안드로이드 로봇을 만들기 위해 애쓰는 업체도 있다. 그러나 초라하고 못생겼지만 나무에서 과일을 딸 수 있는 로봇을 만드는 회사가 농가 일손을 도와 경제 발전에 세우는 공이 더 크다.

적정기술이라는 발상은 전자제품 외에도 많은 영역에서 적용할 수 있다. 예전부터 정밀한 최첨단 초음파 영상 기계를 개발해서 대형 병원에 판매하려고 하던 회사가 있었다. 하지만 이 회사는 최근 값싼 청진기에 평범한 휴대용 컴퓨터를 연결하면 프로그램이 청진기에서 들리는 소리를 듣고 무슨 병이 있는지 판단해 주는 장치를 만들어 팔기도 했다. 이런 저렴한 장치는 의사가 없는 마을에서 요긴하게 쓸 수 있다. 갑자기 급한 환자가 발생하면 난감해지는 탐험대나 군인에게도 쓸모가 있다.

거대한 태양광 발전 단지를 운영하려는 회사가 있는가 하면, 성능은 뛰어나지 않지만 꼭 필요한 전기를 조금이라도 쓸 수 있도록 강물에 넣으면 물살을 받아 돌아가는 강아지 크기의 발전기를 만드는 회사도 있다. 이런 작고 간단한 발전기는 전기가 없는 마을에서 잠깐씩 전기를 쓸 수 있게 하기도 하고, 한편으로는 도시에서 갑작스럽게 홍수나 지진이 일어났을 때도 유용하다. 어떤 회사는 감염병을 100퍼센트 치료해 주는 100만 원짜리 약을 개발하려고 노력하지만, 어떤 회사는 감염병을 75퍼센트 예방해 주는 1,000원짜리 약을 개발하기 위해 노력한다.

나는 새로운 기술로 더욱 저렴하고 튼튼해진 컴퓨터를 다시 한번 살펴보았다. 컴퓨터를 시험 삼아 써보고 싶다고 하자, 컴퓨터는 이것저것 기능을 보여 주었다. 역시 조그마한 크기로 말아 둘 수 있는 화면이나, 유리창 대신 달아 놓는 화면보다는 그냥 튼튼하고 싼 화면을 단 이 컴퓨터가 나에게 더 필요하다는 생각이 들었다.

화려하게 보여 줄 수 있다는 이유로 개발하는 기술 말고, 정말로 사람들을 돕고 싶다는 목표로 개발해 나가는 기술이 또 무엇이 있을까? 시험 삼아 써본 컴퓨터를 끄려고 하자 "더 개선되면 좋은 점이 있을까요?"라는 질문이 화면에 나왔다. 나는 이제 오래 보고 있어도 눈이 안 나빠지는 화면이 있으면 좋겠다고 대답했다.

되살아난 조선 시대 물시계
3D 프린팅

쇼핑을 시작하기 전에

× 3D 프린팅

프린터는 보통 종이나 천 같은 평면 위에 원하는 모양을 자동으로 그려 내는 장치다. 3D 프린터는 평면이 아닌 입체적인 구조를 원하는 대로 만들어 준다. 즉 컴퓨터로 설계한 3차원 모양을 자동으로 만드는 장치라고 할 수 있다. 그리고 이 3D 프린터로 모양을 만드는 작업을 3D 프린팅이라고 한다.

× 어떤 3D 프린터가 있나?

간단하게는 컴퓨터에 넣어 둔 설계도에 따라 자동으로 나무나 돌을 깎아 조각을 하는 로봇이 있다면 이것도 일종의 3D 프린터라고 할 수 있다. 그러나 보통 3D 프린터라고 하면, 프린터가 잉크 역할을 하는 물질을 녹여서 이리저리 조금씩 뿜어낸 뒤 그것을 굳히는 작업을 반복해서 점차 모양을 만들어 나가는 장치를 뜻하는 경우가 많다.

× 3D 프린팅 기술은 지금 어디까지 발전했을까?

현재 3D 프린팅을 위해 사용할 수 있는 재료, 즉 3D 프린터 잉크는 수십 가지, 수백 가지에 달한다. 플라스틱 소재가 가장 많은 편이지만, 먹을 수 있는 잉크로 음식을 만들기도 하고, 콘크리트를 뿜어 집을 짓는 시도를 하기도 한다. 금속을 뿜어내서 기계 부품을 원하는 모양대로 만드는 기술도 개발되고 있으며, 심지어 몸의 세포를 인쇄해 사람 몸의 일부가 될 수 있는 물체를 필요한 대로 그때그때 만드는 수준의 3D 프린터도 개발되어 있다.

중앙 넓은 공간에 어린이들이 많이 모여 있었다. 시계 매장을 중심으로 주변에 장난감 매장이 있었기 때문이다. 그렇지만 적지 않은 아이들이 장난감 매장으로 들어가기 전에 시계 매장 앞에 멈춰 서 있었다.

아이들은 가운데에 우뚝 서 있는 커다란 시계를 구경하고 있었다. 시계 앞에는 가격과 함께 설명 한 줄이 적혀 있었다.

"조선 초기에 만들어진 물시계의 감동을 그대로 보여 드립니다."

눈앞에 보이는 시계가 장영실이 활동하던 조선 시대에 경복궁에 설치되어 궁중을 드나드는 많은 사람을 감탄하게 했던 그 시계와 같은 모양으로 움직인다는 이야기인 듯싶었다.

저절로 움직이는
조선 시대의 인형

조선 시대 기록을 보면, 장영실이 한창 궁중에서 시계 제작으로 활약했을 때는 물시계를 이용해 대단히 정교한 자동 장치를 만들어 냈다고 한다. 물이 흐르는 힘을 이용해서 물레방아를 닮은 바퀴가 돌아가면, 그 힘으로 연결된 톱니바퀴나 굴림대 같은 장치가 움직이고, 그러면 움직임에 따라 나무로 깎아 놓은 인형이 이리저리 움직이는 원리였다.

사실 이렇게 물의 힘으로 돌아가는 자동 장치는 아시아권에서 예전부터 여러 가지 형태로 만들어졌다. 《태평광기》 같은 중국의 옛 책을 보면, 중국 수나라 때의 임금인 양광이 물레방아의 힘으로 거대한 장치를 움직여 궁전을 화려하게 꾸몄다고 한다. 나무 인형이 까딱거리며 춤을 추는 척하는 장치를 만들어 잔치를 벌일 때 놀 잇거리로 썼다는 이야기도 있다.

그중에서도 조선 시대 초기의 물시계는 세밀하고 정확한 편에 속한다. 이 물시계 장치는 시간에 맞추어 움직이며 시각을 알려 주는 것이 가장 중요한 기능이었다. 매시 정각이 되면, 인형이 몇 시인지 써놓은 팻말을 들고 사람들 앞에 나와서 시각을 알리고 다시 들어갔다. 이때 인형은 신선, 선녀, 신령처럼 꾸며서 문득 하늘에서 내려오기도 하고, 신비로운 산속 같은 풍경 속에서 나타나기도 했다. 한편으로는 인형이 악기를 연주하며 시각을 알려 주는 방식도 있었다. 지금이 몇 시인지에 따라 종이나 북을 횟수대로 쳐서 시각을 알렸다.

이렇게 여러 가지 모습으로 움직이는 자동 인형을 설치해 놓은 만큼, 거기에 어울리는 다양한 장식도 했다. 아침, 점심, 저녁, 밤의 시각에 따라 봄, 여름, 가을, 겨울 풍경에 맞추어 꾸며 놓는다는 식의 발상도 있었다. 상상해 보자면, 아침이 되면 봄 풍경에 맞춰서 땅에 씨앗을 뿌리고 밭을 가는 인형들이 나오고, 점심이 되면 여름 풍경에 따라서 모내기를 하거나 물을 대기 위해 애쓰는 인형들이 나타났던 듯하다. 저녁이 되면 추수하는 인형들이 나오고, 밤이 되면 눈 덮인 들판 한쪽에서 불을 쬐고 있는 인형들이 나타났을 것이다. 이 모든 인형의 움직임은 정교하게 만들어 놓은 나무 기계 장치들이 물이 흐르는 힘에 따라 돌아가면서 이루어졌다.

이런 복잡한 장치를 나무를 깎아서 정확하게 재현하는 것은 현대에도 쉬운 일이 아니었다. 정확한 도면이 남아 있지 않기 때문에, 긴 시간 조선 시대의 기술을 연구해 온 학자들이 더듬더듬 과거의 모습을 추측해서 구조를 상상하는 수밖에 없었다. 게다가 그 모습을 나무를 깎아 일일이 만든다는 것도 힘겨운 일이었다. 나무를 깎는 기술이 뛰어난 사람이 오랫동안 작업해야 했다. 비용이 많이 들기 마련이었다.

겨우겨우 비싼 값을 치르고 자동 인형을 만들어 낸다고 해도, 조각가가 예술적 재능이 없다면 볼품이 없었다. 설령 꽤 솜씨 좋은 조각가가 예쁜 모양으로 꾸민다고 해도, 어쩐지 조선 시대 분위기와는 동떨어진 요즘 유행하는 장난감처럼 보이는 바람에 영 멋이 살지 않는 경우도 있었다.

그래서 조선 시대의 자동 인형은 멋있게 재현하기가 대단히 어려웠다. 돈이 너무 많이 들어서 이곳저곳에 쉽게 전시해 둘 수도 없었다. 그러니 조선 시대 자동 인형 복원품은 과학관이나 박물관 한편에 곱게 모셔 두는 수밖에 없었다. 유럽 관광지에 있는 시계탑 중에는 수백 년 동안 시간에 맞춰서 돌아가는 자동 인형 장치가 관광객을 모으는 곳도 흔하다. 그렇지만, 우리나라에서는 찾아보기 어려웠다는 이야기다.

그런데 3D 프린팅 기술이 발전하면서 사람들이 잊고 있었던 조선 시대의 자동 인형이 되살아나 움직일 기회를 얻게 되었다.

인형과 음식을 인터넷에서
다운로드하는 시대

프린팅이란 컴퓨터로 쓴 글자나 그린 그림을 종이 위에 그대로 인쇄하는 것을 말한다. 마찬가지로 3D 프린팅이란, 컴퓨터로 설계해 놓은 어떤 모양을 덩어리 그대로 기계가 뿜어내도록 하는 기술이다.

보통은 조그마한 주사기 같은 장치가 자동으로 움직이면서 컴퓨터 화면에서 보이는 모양대로 플라스틱을 조금씩 붙이고 쌓아 올리는 경우가 많다. 그렇게 뿜어낸 플라스틱을 그대로 굳히면 원하는 모양이 완성되는 것이다. 기술이 발전하면서, 플라스틱뿐만 아니라 모래, 돌, 금속을 뿜어내는 3D 프린팅 장비도 개발되어 사용되고 있다. 방식에 따라서는 플라스틱이나 돌가루를 뿜어내지 않고, 플라스틱 덩어리나 돌덩어리를 갖다 놓고 자동으로 깎아 내고 후벼 파서 모양을 만드는 장비도 있다.

3D 프린팅의 장점은 원하는 모양을 그때그때 필요한 대로 만들 수 있다는 점이다. 만약 공장에서 만든 슬리퍼를 산다고 하면,

기계가 틀에 맞춰 찍어낸 슬리퍼 중에 하나를 고를 수밖에 없다. 내 발이 그 치수보다는 조금 큰데 한 치수 더 큰 슬리퍼보다는 작다면 어쩔 수 없이 어중간한 크기의 슬리퍼를 사 신어야 한다.

3D 프린팅을 이용하면 내 발 모양에 딱 맞는 슬리퍼를 만들 수 있다. 컴퓨터 프로그램으로 슬리퍼 도안을 수정한 뒤에 그대로 3D 프린팅 장비를 작동시키기만 하면 된다. 그러면 곧 기계가 도면대로 슬리퍼 모양의 플라스틱을 내뿜는다. 단순히 크기만 키우거나 줄이는 것이 아니라 모양을 자유자재로 바꿀 수도 있다. 유난히 발이 넓적하다면 발에 어울리는 슬리퍼로 도안을 고치면 된다. 색상을 바꾸거나 원하는 무늬를 새겨 넣는 것도 내키는 대로 할 수 있다. 어떤 색깔, 어떤 모양의 슬리퍼가 만들어질지 컴퓨터 화면에서 눈으로 봐가면서 이리저리 고칠 수 있으므로, 훨씬 마음에 드는 슬리퍼를 쉽게 만들 수 있다는 장점도 있다.

슬리퍼만 만들 수 있는 것이 아니다. 모자나 옷을 3D 프린터로 딱 맞게 만들어서 입을 수도 있고, 장난감이나 모형을 원하는 대로 컴퓨터로 그린 뒤에 그대로 만들 수도 있다. 공장에서 대량 생산되는 것 중에 하나를 고르는 것이 아니라, 내 마음에 쏙 드는 것을 마음대로 조정해서 바로바로 만들 수 있다는 이야기다. 장난감 자동차에 몬스터 트럭처럼 어마어마하게 큰 바퀴를 달고 싶다면, 컴퓨터 프로그램에서 바퀴를 조금 더 큰 모습으로 바꿔 그린 다음에 3D 프린팅 장비로 뿜어내면 그만이다.

그렇다 보니, 영화나 만화의 등장인물이 그려진 상품은 실제

상품보다는 설계도만 파는 경우도 많아졌다. 새로 나온 영화 속 외계인 괴물 모양 장식품이 갖고 싶다면, 인터넷으로 괴물 모양 장식품의 설계도만 다운로드한 뒤에 집에 있는 3D 프린팅 장비로 뽑어 내면 된다.

그때그때 필요한 공구나 도구를 만드는 데도 3D 프린팅 장비는 매우 유용하다. 일을 하다 보면, 자루가 조금만 더 긴 곡괭이가 있으면 좋겠다든가 하는 식으로 지금 상황에 딱 맞는 맞춤형 장비가 필요한 때가 있다. 그럴 때는 그냥 긴 곡괭이를 컴퓨터에서 설계한 뒤에 3D 프린팅 장비를 돌리면 된다. 다른 사람보다 큰 편인 내 손에 맞는 호미가 있으면 좋겠다거나, 동전이 소파 밑 깊숙한 곳으로 들어갔는데 그것을 꺼내기 위해 아주 가늘고 긴 막대기가 있으면 좋겠다거나 할 때도 컴퓨터로 맞는 모양을 그린 뒤에 바로 3D 프린팅 장비로 뽑아내면 된다.

그렇다 보니, 3D 프린팅 장비는 우주에서도 유용하게 활용된다. 우주에 갈 때는 좁은 우주선에 이것저것 다 싣고 갈 수가 없다. 그럴 때 3D 프린팅 장비를 싣고 간 후에, 그때그때 필요한 것이 있으면 3D 프린팅 장비로 만들어서 쓰면 좋다.

한편으로, 우주 정거장에서 머물고 있는데 갑자기 어떤 부품이 고장 났다고 해보자. 이런 사고가 생기면 빨리 새 부품으로 교체해야 한다. 그러나 만약을 대비해서 모든 부품의 여벌을 다 로켓에 실어서 우주에 보내기란 어려운 일이다. 이럴 때 3D 프린팅 장비가 있다면 그때그때 필요한 부품의 모양을 그려서 만들어 쓰면 된다.

컴퓨터로 정교하게 모양을 만들 수 있는 3D 프린팅 장비의 특성을 활용해서 예전에는 만들기 어려웠던 부품을 더 쉽고 간단하게 만들어 제품 자체의 성능을 끌어올리거나 제작 비용을 줄이는 회사도 많아졌다. 음식 재료를 뿜어내는 3D 프린팅 장비로, 정교한 음식을 만들어 내는 회사도 있다. 내 얼굴과 똑같이 생긴 초콜릿을 만드는 것도 3D 프린팅 기술을 쓰면 간단한 일이다. 심지어 살아 있는 생물의 재료를 3D 프린팅 장비로 뿜어내는 일도 흔해졌다. 즉, 뼈가 망가진 사람에게는 몸 크기에 꼭 맞는 인공 뼈를 3D 프린팅 장비로 만들어서 수술을 해줄 수 있다는 뜻이다.

바로 이런 3D 프린팅 기술을 이용해서, 미래에는 훨씬 쉽고 간단하게 조선 시대의 자동 인형을 만들어 내고 있다. 조선 시대의 조각품과 석상이 어떤 분위기인지 잘 아는 미술가가 컴퓨터로 설계를 해놓으면, 화면을 통해 먼저 마음에 드는 모양인지 확인해 보고, 좋으면 모양 그대로 자동 인형을 만들면 된다. 그러면서도 그때그때 사람들의 취향에 따라 크기와 색깔을 조금 다르게 수정하는 것도 얼마든지 가능하다. 그런 식으로 조선 시대 옛 느낌이 물씬 풍기면서도 표정과 옷은 조금씩 다른 인형 수십 개를 만들 수 있다. 이 다양한 인형들이 시계에 설치되면 서로 어울려 아름답게 움직인다.

조선 시대 방식 그대로 물레방아 힘에 의해 움직이는 장치도 있지만, 저렴한 전자 부품과 전기 모터를 이용해 만든 조그마한 로봇을 이용할 수도 있다. 3D 프린팅으로 껍데기만 조선 시대 인형으로 바꾸면 된다. 심지어 3D 프린팅 장비의 뛰어난 색 표현 능력을 이용해서 수백 년 묵은 낡은 모습으로 꾸밀 수도 있다. 그러면 정말로 조선 시대부터 우리를 기다려 온 것 같은 운치 있는 자동 인형을 만들 수도 있다.

이렇게 3D 프린팅 기술은 잠자고 있던 전통 문화를 여러 사람에게 새롭고 가깝게 보여 주는 데에도 공을 세우고 있다. 수백 년 전 궁중에서 임금과 왕자, 공주 들이 주로 구경하던 자동 인형 장치를 이제는 길거리 곳곳의 시계탑에 세워 둘 수 있다. 그러면서도 그 거리, 그 동네 분위기에 어울리게 모습을 조금씩 다르게 꾸며서 그 나름의 개성도 살리고 있다.

한 박물관에 있는 진품 유물과 똑같이 생긴 플라스틱 복제품을 여러 개 만들어서 전국 각지에 전시하는 일도 3D 프린팅 덕택에 너무나 간단해졌다. 관람객이 구경하기 좋게 커다랗게 확대한 복제품을 만들기도 쉽다. 이런 기술이 퍼져 나가다 보니, 옛이야기 속에 등장하는 다른 인형들도 하나둘 그럴듯하게 그려서 3D 프린팅으로 만들어 내는 사람들 역시 생겨났다.

예를 들면, 조선 시대의 이야기 책 《어우야담》에는 이성석이라는 사람이 작은 강아지만 한 나무 기계를 만들어 냈는데, 그것이 제법 사람을 잘 따라다니는 것처럼 보였다는 전설이 실려 있다. 3D 프린팅을 이용하면, 개를 표현한 조선 시대 조각품의 분위기를 잘 살리고 제법 낡고 오래된 유물 같은 느낌이 나도록 강아지 로봇을 만들 수 있다. 《매옹한록》이라는 책에는 이지함이 돌에 맞으면 웃는 모습으로 변하는 인형을 만들었다는 전설이 기록되어 있기도

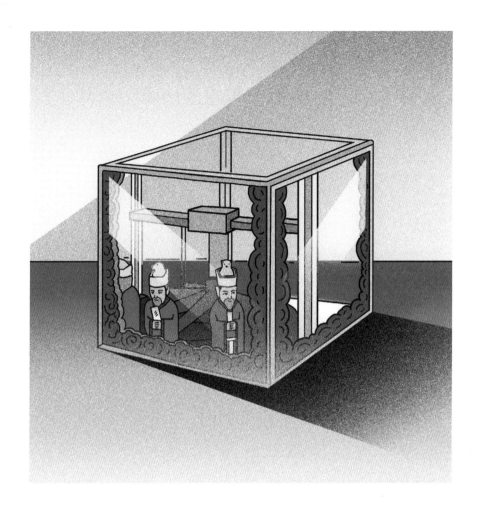

3D 프린팅 기술이 발전하면서
조선 시대의 자동 인형이 되살아나
움직일 기회를 얻게 되었다

하다. 이지함은 그 인형을 냇물 한가운데에 둑을 쌓아야 하는 곳에 세워 두었다고 한다. 그러자 지나가는 아이들마다 재미 삼아 인형에 돌을 던졌는데, 그 돌이 쌓여서 세월이 흐르니 저절로 둑이 되었다. 3D 프린팅을 이용하면 공을 맞히면 웃는 로봇 장난감을 비슷하게 만들 수 있다.

유적지의 풍경을 바꾸는
3D 프린터

요즘에는 옛 유적지를 사람들이 즐기기 좋은 공원으로 꾸미는 데도 3D 프린팅이 활용되고 있다. 전쟁과 재난으로 파괴된 유적이 많은 우리나라에는 아무것도 없이 그저 주춧돌 몇 개만 남은 썰렁한 건물터와 성터가 많다. 그런데 만약 이런 곳을 관광지로 꾸민답시고 억지로 새 건물을 짓고 성벽을 쌓아 놓으면, 그 과정에서 오히려 원래의 옛 흔적마저 파괴되어 버리는 수가 있다. 그렇다고 그대로 썰렁한 빈터만 남겨 두자니, 아무래도 구경거리가 되지 못한다.

요즘은 이런 폐허 위에 3D 프린팅으로 만든 운치 있는 석상들을 놓아 두고 공원으로 꾸미는 경우가 많다. 만약 신라 시대 성터가 있다면, 그 성을 지키던 옛 병사들의 모습을 3D 프린팅으로 수십 개, 수백 개 만들어서 빈터에 이리저리 세워 둔다. 신라에 어울리는 모습으로 만든 돌조각들은 신라 사람들의 옷차림을 하고 신라 사람들이 쓰던 무기를 들고 있어서, 보다 보면 자연스럽게 신라의 문화를 배울 수 있다.

이렇게 폐허 위에 세워진 돌조각상들은 그저 매끈한 전시품처럼 만들어져 있지 않다. 3D 프린팅 기술자들은 돌조각을 일부러 오래되고 낡은 모습으로 꾸몄다. 부서진 모습, 쓰러진 모습으로 만들기도 했다. 쓸쓸하게 망가진 듯한 석상들이 이리저리 나뒹굴고 있는 풍경을 만들어서, 폐허만 남아 있는 옛 유적지에 더욱 어울리는 구경거리로 꾸며낸 것이다.

그렇게 해서, 천 년이 넘도록 아무도 거들떠보지 않던 옛 유적이 다시 사람들이 찾아와 옛 세월을 생각하며 사진을 찍고 노는 곳으로 되살아나고 있다. 지금 상점 가운데에 전시되어 있는 자동 인형 시계가 어린이의 마음을 끄는 것과 따지고 보면 비슷한 원리다.

식료품 코너

바다에서 기르는 소고기 × 인공육

하나씩 쌓아 올리는 초소형 농장 × 스마트 농장

바로 먹는 선사 시대 과일 × 유전자 편집

바닷물을 생수로 바꾸는 정수기 × 나노 기술

바다에서 기르는 소고기 인공육

쇼핑을 시작하기 전에

× 식물육

실제 고기가 아니면서 고기 맛을 내는 식재료를 말하는 것이 보통이다. 대체로 식물에서 추출한 식재료를 가공하고 조합해서 조미료를 넣고 최대한 고기와 비슷한 질감과 맛을 만든다. 유사육이라고도 부른다.

× 배양육

생명공학 장비를 이용해 동물 고기를 이루고 있는 세포만 따로 떨어진 상태로 자라나게 한 뒤에 그것을 모아서 고기를 대신할 수 있는 식재료로 사용하는 것이다. 식물육이 아예 식물로만 만든 고기 대체품이라면, 배양육은 동물 세포를 이용하기는 하지만 살아 있는 동물을 전혀 해치지 않고 만든 고기 대체품이다. 식물육과 배양육을 통틀어서 '인공육'이라고도 한다.

× 배양육 기술은 지금 어디까지 발전했을까?

우리나라의 한 일간지 보도에 따르면, 어느 네덜란드 기업이 2013년에 배양육에 가까운 기술로 만든 햄버거 패티 한 장을 약 3억 2,000만 원에 내놓았다. 이 가격은 기술 발달에 따라 빠르게 떨어져서 2020년 무렵에는 햄버거 패티 한 장 가격이 70만 원가량이 되었다. 2030년에는 1,000원에서 2,000원 사이 가격으로 햄버거 패티 한 장을 생산할 수 있을 것이라 기대한다.

○ ○ ○

저녁 식사는 역시 고기를 구워 먹는 게 좋겠다는 생각에 고기가 진열되어 있는 코너로 갔다. 냉장고에는 붉은색을 띤 먹음직스러운 고기가 줄을 맞추어 가지런히 놓여 있었다.

"여기도 요리 할머니 분류법을 택하고 있네."

고기를 구경하던 다른 사람이 말하는 것이 들렸다. 그 사람 말이 맞았다. 이 상점도 고기를 분류할 때 '요리 할머니'라는 별명을 가진 유명한 요리사가 만든 분류법을 따르고 있었다.

얼마 전까지만 해도 고기를 팔 때는 보통 그 고기가 나온 부위로 부르는 경우가 많았다. 예를 들어 고기 부위가 '목살'이라면, 그것은 동물의 목 부분에 있는 살을 떼어 내어 판다는 뜻이다. 사람들은 어떤 동물의 목에서 나온 살이라면 대충 어떤 성분으로 되어 있고 어떤 맛이 난다는 것을 알고 있었다. 그래서 부위를 기준으로 고기를 파는 것이 편리했다. '앞다리살'은 동물의 앞다리에서 떼어 낸 살이라는 뜻이고, '갈비살'이라고 하면 갈비뼈 부분에 붙어 있던 살을 판다는 뜻이었다.

그렇지만 요즘에는 많은 가게가 동물 부위를 기준으로 고기를 파는 것을 포기했다. 심지어 팔고 있는 고기가 돼지고기인지, 소고기인지, 닭고기인지조차 표시하지 않는 경우도 있다. 가게에서 파는 고기는 더 이상 동물의 몸에서 떼어 내지 않기 때문이다.

농장이 아닌 공장에서
생기는 고기

최근 팔리는 고기는 대체로 공장에서 만들어 내는 인공육, 즉 인공 고기다. 이 상점에서 파는 고기들도 전부 공장에서 만든 인공 고기다. 이런 고기들은 주로 식물에서 뽑아낸 다양한 성분을 여러 가지 기술로 가공해서 고기 맛이 나게 한 것이다. 이 때문에 요즘 고기는 가축을 기르는 목장에서 오는 것이 아니라, 식물을 길러 내는 밭에서 나온다고 할 수 있다.

인간이 동물 없이 고기를 만들어 내려고 노력한 이유는 여러 가지다. 우선 동물을 길러서 고기를 얻는 일은 비용이 너무 비싸다. 따라서 적지 않은 사람이 인공으로 고기를 만드는 일에 도전했다. 가축을 기르는 일은 힘들고 번거로운 작업이다. 그에 비하면 농사를 짓는 일은 훨씬 수월하다. 똑같은 음식으로 배를 채운다면, 곡식으로 배를 채우는 편이 싸게 먹힌다. 만약 인공으로 고기를 값싸게 만들어 낼 수 있다면 가난한 사람도 맛있는 고기를 먹고 싶은 만큼 먹을 수 있다. 고기를 구하기 어려워 영양이 부족하던 어린이도 건강하게 자라날 수 있게 된다.

게다가 고기를 싼값에 만들어 낼 수 있다면, 그만큼 가축을 기르지 않아도 된다. 가축에게 사료를 먹이기 위해서는 많은 곡식을 써야 하고, 가축을 옮기고 키우고 씻기고 주변을 치우기 위해서도 막대한 물, 전기, 연료가 필요하다. 식물을 기른 뒤에 그 식물을 재료로 인공 고기를 뽑아내면, 가축을 기르는 것보다 물과 전기, 연료를 아낄 수 있다. 소모되는 자원을 줄이고 기후변화를 일으키는 온실기체도 줄일 수 있다. 가축에게 곡식을 먹이지 않아도 된다면 그만큼 사람이 먹을 수 있는 식량이 풍족해진다는 점도 장점이다. 그렇게 되면 굶주리고 있는 사람을 도울 곡식을 더 쉽게 구할 수 있다.

한편으로는 동물을 가두어 놓고 기르다가 잡아먹는 일 자체를 싫어하고 꺼림칙하게 여기는 사람도 적지 않다. 감성과 윤리를 이유로 가축을 잡아먹는 것보다 식물을 재료로 인공 고기를 만들어 먹는 것을 좋아하는 사람들은 심지어 인공 고기가 좀 더 비싸고 맛이 없더라도 기꺼이 돈을 내고 사 먹었다. 인공 고기를 만드는 회사들은 일단 이런 사람들을 목표로 인공 고기를 만들어 팔았고, 사업이 유지가 되면 기술을 발전시켜서 더 싸고 맛 좋은 고기를 만든다는 계획을 세웠다.

다행히 식물을 재료로 동물 고기와 똑같은 맛을 만든다는 생각은 처음부터 제법 그럴듯한 일처럼 들렸다. 세상 모든 생물의 주재료는 사실상 같다고도 할 수 있기 때문이다.

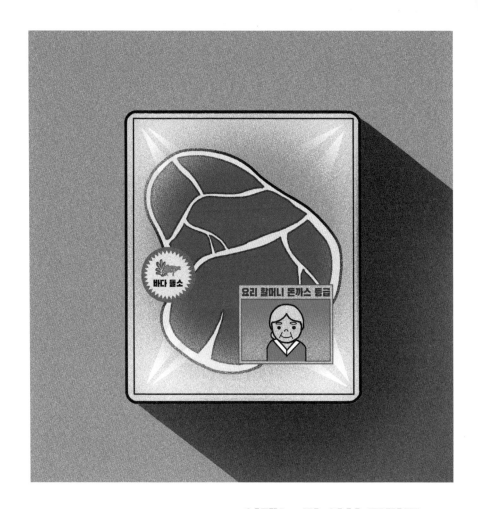

이제는 더 이상 고기를
부위별로 나누지 않는다

세상의 모든 생명체를
이루는 재료

지구에 있는 모든 생물은 다들 DNA라는 물질을 품고 있다. 다만 생물마다 DNA의 세부 모양은 다르다. 이 DNA의 다른 모양에 따라 다른 단백질이 생겨난다. 생물이 살아가면서 몸속에서 일어나는 일 중에 가장 꾸준히 또 가장 열심히 일어나고 있는 일이 바로 각자의 DNA에 따라 그에 맞는 단백질을 만드는 것이다.

단백질은 효소enzyme라는 특별한 물질이 되기도 한다. 효소란 한 물질을 또 다른 물질로 바꾸는 다양한 화학반응이 일어나도록 공장 역할을 하는 물질을 말한다. 어떤 효소는 생물이 먹고 있는 음식을 영양분으로 활용할 수 있도록 분해하는 화학반응을 일으키고, 어떤 효소는 몸에 아름다운 무늬가 생기도록 색깔을 띈 물질을 만드는 화학반응을 일으킨다. 어떤 효소는 동물을 자라나게 하고, 어떤 효소는 식물이 열매를 맺도록 이끈다.

세상에는 갖가지 모습을 한 별별 생물이 다 있는 만큼 온갖 기능을 하는 단백질도 많다. 사람의 몸속에 있는 단백질 중에 이미 어느 정도 파악된 것만 해도 그 가짓수를 수천, 수백 단위로 따져야 할 정도다. 그런데 이렇게나 다양한 단백질은 사실 모두 아미노산 amino acid이라는 더 작은 물질의 조합으로 이루어져 있다. 지구의 모든 생물을 이루고 있는 단백질은 다들 스무 가지 정도의 아미노산이 그 재료다. 즉 아미노산들이 어떤 순서로 얼마나 조립되어 있느냐에 따라 각자 다른 단백질이 된다.

그 차이뿐이다. 세균의 몸을 이루는 단백질도, 꽃의 몸을 이루는 단백질도, 오징어의 몸을 이루는 단백질도, 나비의 몸을 이루는 단백질도 다 같은 아미노산으로 되어 있다. 다만 아미노산이 조립되는 순서와 길이만 다르다. 스무 가지 블록이 똑같이 쌓여 있는데, 어떤 어린이는 그 블록으로 자동차 모양을 만들었고, 어떤 어린이는 우주선 모양을 만들었다는 식의 이야기다.

따라서 동물의 몸을 이루고 있는 주재료와 식물의 몸을 이루고 있는 주재료는 스무 가지 정도의 아미노산이 조립된 단백질이라는 점에서는 사실 별 차이가 나지 않는다. 심지어 세균이나 곰팡이의 몸을 이루는 단백질조차도 동물, 식물의 몸과 거의 같은 재료로 만들어졌다. 이 때문에 동물이 아닌 생물의 몸에서 뽑은 단백질을 재료로 삼아 적당히 조작해 동물의 몸을 이루는 단백질과 비슷한 형태로 바꾼다는 것은 충분히 도전해 볼 만한 일이다.

물론 다른 동물의 단백질과 정확히 똑같은 역할을 하는 단백질을 만들어 내는 것은 상당히 어렵다. 하지만 불가능하지는 않다. 예를 들어서 당뇨병에 걸린 환자는 인슐린이라는 단백질로 되어 있는 약을 먹어야 하는 경우가 많다. 20세기 초만 하더라도, 인슐린을 구할 곳이 없어서 가축의 몸에서 인슐린을 뽑아서 썼다. 그렇지만 1970년대, 1980년대에 가축이 아닌 세균을 교묘하게 이용해서 세균의 몸으로부터 인슐린을 만들어 내는 방법이 개발되었다. 건강한 사람의 몸에서 만들어지는 인슐린과 동물의 몸에서 만들어지는 인슐린, 공장에서 기르는 세균에서 뽑아내는 인슐린은 같은 단백질이다. 무엇을 먹어도 효과를 얻을 수 있다.

만약 완벽하게 똑같은 단백질이 아니라 먹었을 때 맛이 비슷하게 나는 정도가 목표라면 달성하기가 더 쉽다.

단백질이 몸에서 자신이 맡은 역할대로 화학반응을 일으키는 성질을 활성activity이라고 한다. 약으로 사용하기 위해 다른 동물의 단백질과 비슷한 것을 공장에서 인공으로 만든다면, 동물에서 뽑아낸 단백질과 정확히 같은 활성을 가지도록 해야 한다.

하지만, 인공 고기를 만들 때는 굳이 활성까지 똑같은 단백질이 필요 없다. 사람이 음식을 먹고 어떤 맛을 느끼는 것은 혀와 입속에 퍼져 있는 여러 신경이 각자 자기가 담당하는 화학반응을 얼마나 잘 감지하느냐에 달려 있다. 예를 들어 혓바닥에 있는 미뢰taste bud라는 부분에 물에 녹은 소듐sodium이라는 물질이 들어오게 되면, 신경 세포가 전기를 띄게 되는 화학반응이 일어난다. 그럴 때마다 우리는 짜다는 감각을 느끼게 된다. 인공 고기를 먹었을 때 입속에서 일어나는 화학반응이 진짜 고기를 먹었을 때와 비슷하기만 하면 맛도 비슷하다는 뜻이다.

그래서 인공 고기를 만드는 기술자들은 단백질을 많이 품고 있는 식물로부터 우선 단백질을 뽑아낸다. 그리고 그 단백질을 동물의 몸에서 나온 고기와 맛이 비슷하고 재질이 닮도록 가공한다. 기름기가 필요하다면 일부러 지방 성분을 더 섞기도 하고, 씹는 맛이 있도록 하기 위해 단백질들이 서로 뭉쳐서 단단히 덩어리지는 화학반응을 일으킬 때도 있다.

고기의 섬세한 맛을 비슷하게 흉내 내기 위해 여러 가지 양념과 향신료를 뿌리기도 한다. 예를 들어 아무래도 실제 고기는 피에서 나는 것 같은 맛이 약간 남아 있기 마련인데, 그 맛까지 흉내 내기 위해 동물 피와 비슷한 맛이 날 만한 성분을 조금 뿌리는 것이다. 2010년대 후반부터 인공 고기 제조에 공을 들인 미국의 한 식품 회사는 실제로 피에 들어 있는 철분과 최대한 비슷한 성분을 구해 일부러 동물의 피와 같은 맛을 살짝 더하려는 시도를 하기도 했다.

소고기 대신 호박고기,
카우보이 대신 공장 기술자

그렇게 해서 들판에서 식물을 기르는 사람들이 인공 고기 재료를 만들어 온 세상 사람에게 값싸게 팔 수 있게 되었다. 특히 단백질이 많이 포함되어 있다고 하는 콩이나 호박씨 같은 식물을 기르는 사람이 많아졌다. 버섯도 단백질이 풍부한 재료이기 때문에, 다양한 버섯 농사를 짓는 사람이 늘어나고 있는 추세다.

인공 고기가 발전하면서 이제는 고기를 만들어 파는 나라들이 꼭 땅이 넓고 농작물이 풍부할 필요가 없어졌다. 예를 들어, 우리나라나 일본 같은 나라는 인구는 많은데 땅이 좁아서 가축을 기를 만한 장소가 부족했다. 그렇다 보니 항상 고기가 부족해서 외국에서 소고기와 돼지고기를 대량으로 수입하곤 했다. 그렇지만 요즘은 오히려 기술이 발전한 나라들이 세계 각지로 고기를 팔고 있다.

인공 고기를 잘 만드는 나라들은 세계 각지로부터 콩과 버섯을 사들인 뒤에 공장에서 뛰어난 가공 기술로 고기를 만들어 다시 전 세계에 팔고 있다. 우리나라에서 석유가 생산되지 않아도 석유를 가공해서 화학 제품을 만드는 공장이 무척 많았고, 철광석도 별로 생산되지 않지만 철을 만드는 제철소가 크게 성장했던 것과 같은 일이다. 그러니 한때는 질 좋은 스테이크에 어울리는 인물이라고 하면 황야에서 말을 타고 달리는 카우보이를 떠올렸지만, 요즘은 기계를 조작해 콩에서 단백질을 뽑아내는 기술자를 꼽아야 더 들어맞는다.

인공으로 고기를 만드는 기술은 점점 더 다양한 방향으로 발전하고 있다. 이제는 실제 동물의 살에서는 도저히 못 구할 것 같은 고품질 고기도 인공으로 만드는 일이 가능해졌다. 실제로 돼지를 키워서 얻은 삼겹살보다, 인공 고기 회사에서 콩으로부터 지방과 단백질을 뽑아낸 후 잘 섞어서 먹기 좋게 한 칠겹살이나 구겹살 같은 상품의 맛을 좋아하는 사람이 많아졌다.

그렇다 보니, 회사들도 '등심과 비슷한 맛이 나는 고기', '안심과 비슷한 고기'라는 식으로 제품을 설명하는 대신 아예 전혀 다른 방식을 택하곤 한다. 이 때문에 인기 있는 요리사가 제시한 기준에 따라 제품을 만드는 경우가 많아졌다. 예를 들어 '요리 할머니 돈까스 등급'으로 분류된 제품은 맛이 돼지고기 안심과 비슷하기도 하고 등심과 비슷하기도 한 인공 고기인데, 돈까스를 만들면 안심과 등심보다도 기막히게 어울린다.

인기가 많은 부위라고 해서 값이 비싸다거나, 인기가 없는 부위라고 해서 버려지는 일도 줄어들었다. 인공 고기 회사들은 사람들이 필요한 만큼 고기를 만들어 낸다. 오히려 족발 같은 음식이 상대적으로 귀해졌다. 족발 뼈까지 인공으로 만들려면 그만큼 비용이 들기 때문이다. 그렇지만 3D 프린팅 기술을 이용해서 섬세한 모양까지 그대로 따라 한 인공 고기도 구하려면 충분히 구할 수 있다.

이제는 싼값으로 인공 고기를 만들어 내기 위해, 넓디넓은 바닷속 빠르게 자라는 해초에서 단백질 성분을 뽑아서 고기를 만드는 기술도 발전하고 있다. 해초를 재료로 인공 고기를 만들어서 판매하는 회사는 자기 회사 제품을 '바다 들소'라고 광고하고 있다. 동물의 세포만 따로 떼어 내서 살 부분만 공장에서 자라나게 하는 방식으로 인공 고기를 얻는 기술도 실용화된 상태다.

나는 오랫동안 인공 고기를 꾸준히 만들어 온 '웅녀 식품'이라는 회사의 '탕수육 등급' 고기를 한 봉지 사기로 결심했다. 진열대의 화면에는 웅녀 식품의 광고 영상이 흘러나오고 있었다.

"먼 옛날, 곰과 호랑이가 100일 동안 쑥과 마늘만 먹으면서 사람이 되려고 했다는 전설이 있지요? 이 전설은 식물 재료로 만든 고기를 먹으면서 더 똑똑하고 건강하게 살고 있는 지금과 같은 식품 문화를 예언한 것이 아닐까요?"

하나씩 쌓아 올리는 초소형 농장
스마트 농장

쇼핑을 시작하기 전에

× 스마트 농장

스마트 농장smart farm이란 첨단 과학을 적극적으로 이용해서 시간과 공간의 제약 없이, 원격으로, 자동으로 농작물을 재배하고 관리하는 농업 방식이다. 보통 인공지능, 로봇, 통신 기술을 이용해서 농작물의 상태를 자동으로 측정하고 자동 기계로 농사짓는 방식을 일컫는다.

× 수직 농장

건물 내부 또는 실내 공간을 이용한 농업 방식이다. 기존 농업은 수평으로 땅을 넓혀 가며 규모를 키우는 데 비해, 수직 농장은 실내에서 농작물이 자랄 수 있는 공간을 수직으로 점점 쌓아 올리며 규모를 키우기 때문에 수직 농장이라는 이름이 붙었다.

× 스마트 농장과 수직 농장 기술은 지금 어디까지 발전했을까?

서울시와 서울교통공사는 한 농업기술 회사와 협력해 서울 지하철 7호선 상도역 지하에 '메트로팜'이라는 이름으로 수직 농장, 스마트 농장 시설을 2019년 개장했다. 시설의 규모는 연면적 394제곱미터이며, 컨테이너를 이용한 시설 속에서 채소를 재배하며 수확하고 있다. 365일 24시간 로봇이 자동으로 재배를 하며, 생산 가능량은 1개월에 1톤 정도다. 시설 옆에는 시민들이 직접 수확한 채소를 바로 먹어 볼 수 있는 카페도 있다. 앞으로 기술이 개선되어 전기료, 시설 관리료, 수리비 없이 누구나 농작물을 충분히 수확할 수 있도록 실용성이 높아진다면, 이런 시설을 더 많은 지역에 설치할 수 있을 것이다.

○ ○ ○

곁들여 먹을 채소를 사기 위해 고기 코너 옆쪽으로 걸어갔다. 냉기가 흘러나오는 진열대 위에 초록색 채소 잎이 가득 펼쳐져 있는 모습이 보였다. 그렇지만 가장 인기 있는 제품은 따로 있었다. 제법 크고 길쭉한 유리 상자들이 놓여 있었는데, 언뜻 보면 비어 있는 수족관이 아닌가 싶었다.

가까이 가서 보니 이런 말이 적혀 있었다.

"집에 들고 가서 전원만 연결하세요. 여러분의 농장이 생깁니다. 심고 싶은 씨앗을 골라 1번 칸에 넣어 주시면 됩니다."

제품의 이름은 '초소형 수직 농장 모듈'이었다.

어디서나 누구나
내 농장을 가질 수 있다

쌓여 있는 유리 상자들, 그러니까 초소형 수직 농장 모듈을 자세히 들여다보니, 유리 벽면에는 작은 화분 비슷한 모양이 줄줄이 달려 있어서 상자 안을 가득 채우고 있었다. 그렇게 달린 화분들이 3층을 이루고 있었다. 조금 작은 화분이 4층을 이루고 있는 제품도 있었다. 그리고 집게손을 닮은 작은 기계 장치가 그 안에서 이리저리 움직일 수 있도록 설치되어 있었다.

고개를 돌려 보니, 이미 전원을 연결해 놓은 제품이 하나 견본으로 작동되고 있었다. 그 수직 농장 모듈이라는 것의 화분에는 채소가 자라고 있었다. 채소가 제법 잘 자라서 유리 상자 속 가득 초록색 잎이 싱그럽게 차 있었다.

"한번 먹어 보고 싶어요."

지나가던 한 아이가 말했다. 수확 버튼을 누르자 유리 상자 안에 있던 집게손이 앞뒤로 빠르게 움직이며 농작물 잎을 잘라 냈다. 집게손은 금방 채소를 모두 수확해서 제품이 나오는 곳에 내려놓았다. 아이는 방금 수확한 신선한 채소를 집어 옆에 놓아둔 소스에 찍어 먹었다.

"이건 별로 안 쓰네."

수직 농장은 식물을 땅에 심어서 기르지 않고 층층이 쌓아 놓은 장치 위에서 기르는 방식이다. 그렇기 때문에 땅 넓이가 좁은 곳에서도 위로 높다랗게 쌓아 올리며 많은 농작물을 기를 수 있다. 농작물을 더 많이 기르고 싶다면 수직으로 장치를 계속 설치하면 된다. 그래서 수직 농장이라는 이름이 붙은 것이다. 넓은 벌판이 아니라, 높은 건물 속 쌓아 둔 탑에서 농사를 짓는다.

이번에 나온 초소형 수직 농장 모듈은 집 안에도 이런 기계를 하나 가져다 놓고 농작물을 길러 먹으라는 것이다. 작고 가벼워 보이는 장치다. 하지만 이 정도 장치만 해도 10개, 100개를 사다가 쌓아 놓으면 제법 큰 농사를 지을 수 있다.

수직 농장은 농작물을 실내에서 기른다. 그러면서 온도, 습도,

전등으로 빛을 쪼여 주고, 필요가 없을 때는
자동으로 가림막이 내려와서 빛을 차단한다

통풍을 모두 조절해서 농작물이 가장 잘 자랄 수 있게 한다. 물과 비료도 기계가 꼭 필요한 만큼 필요한 때에 주기 때문에 농작물을 키우는 데 유리하다. 땅에서 농사를 지을 때보다 물이나 비료도 적게 준다. 물값, 비룟값은 덜 들면서, 농작물은 빠르게 좋은 품질로 자라난다.

게다가 실내의 위생적인 공간에서 식물을 기르기 때문에, 식물이 병에 걸리거나 벌레 때문에 해를 입는 일도 적다. 그래서 농약도 거의 쓸 필요가 없다. 그만큼 농작물이 깨끗하고 한편으로는 농약값도 절약할 수 있다. 어린이가 그 자리에서 채소를 잘라 맛볼 수 있었던 것도 바로 수직 농장이기 때문이다.

요즘 수직 농장 제품은 대부분 햇빛 대신에 전등으로 빛을 밝힌다. 그래서 식물이 낮에만 햇빛을 받고 밤이면 햇빛을 받지 못한다는 한계를 벗어날 수 있다. 전등으로 식물이 잘 자랄 수 있을 만큼 빛을 쪼여 주고, 빛을 받을 필요가 없을 때는 자동으로 가림막이 내려와서 차단한다. 이것도 식물이 더 빨리 좋은 품질로 자라게 하는 방법이다. 그냥 햇빛과 비슷한 밝은 빛만 쪼여 주는 것이 아니라 심지어 식물이 최대한 잘 자랄 수 있는 묘한 색의 빛을 만들어 쪼여 주기도 한다. 이렇게 하면 전기를 아끼면서 식물을 잘 키울 수 있다.

사실 햇빛 대신에 항상 전등을 밝혀서 농작물을 기른다는 방식은 아무래도 전기료가 많이 들어서 힘든 점도 많았다. 그렇지만, LED 조명 기술이 발전하자 전등에 드는 전력이 훨씬 줄어들었다.

게다가 미래 시대가 오자, 신기술로 에너지 문제가 풀려 나가면서 전기료도 크게 줄어들었다. 이제는 햇빛 대신 전깃불을 비춰 식물을 기르는 것이 아깝지 않은 시대다.

햇빛 대신에 전등을 쓰다 보니, 햇빛이 잘 들지 않는 곳이라도 전기만 연결할 수 있으면 어디든 농작물을 기를 수 있게 되었다. 이런 특징이 세상의 풍경을 바꿨다. 삭막한 지하 주차장의 구석진 빈터에서도 녹색 식물을 기를 수 있게 되었고, 농사를 짓기에 나빠 보이는 돌밭이나 황무지, 바다를 떠다니는 커다란 배 위에도 수직 농장 장치만 가져다 놓으면 초록색 농장이 펼쳐진다. 고층 빌딩 한가운데에서도 수직 농장 장치를 높다랗게 쌓아 두기만 하면 얼마든지 크게 농사를 지을 수 있다.

이런 장치의 장점은 바깥 날씨와는 상관없이 농사를 지을 수 있다는 점이다. 어차피 실내에서 농사를 짓기 때문에 너무 춥든, 너무 덥든 일정하게 작물을 키울 수 있다. 갑자기 비가 많이 오거나 태풍이 불어와서 피해를 입는 일이 생기지 않는다는 뜻이다. 비가 안 내려서 농사가 실패하는 일도 없다.

그렇다 보니, 수직 농장이 가장 먼저 인기를 끈 분야는 도시 사람이 좋아하는 신선한 샐러드용 채소였다. 이런 채소 중 상당수는 더운 여름이나 추운 겨울에는 키우기가 어렵다. 그렇다고 해서 채소가 잘 자랄 때 많이 키워서 저장해 두려고 하면 곧 시들어 버린다. 날씨가 나쁘면 농사를 크게 망치고, 날씨가 좋으면 시들어 없어져 버릴 농작물이 너무 많이 생긴다. 어느 해는 갑자기 상추가 비싸지고, 어느 해는 갑자기 배추가 비싸지는 것도 이런 이유 때문이었다.

그렇지만 수직 농장에서는 언제나 실내 장치 속에서 한결같이 채소가 자라난다. 사람들이 많이 사는 도시 근처에서 매일 가장 신선하게 팔 수 있다. 땅이 좁은 도시 지역이라 할지라도 높다랗게 쌓아 놓은 탑에서 농작물을 기르는 수직 농장이라면 문제없다.

날씨에 상관없이 농사를 지을 수 있다는 점 때문에 수직 농장은 지구 온난화로 생긴 기후변화에 대처하는 데에도 유리하다. 어느 날 갑자기 유래 없는 큰 가뭄이 들거나 어마어마한 홍수가 닥치면 보통 농사는 하루아침에 망할 수도 있다. 그렇지만 실내 장치 속에서 작물을 기르는 수직 농장은 바깥에서 아무리 혹독한 날씨가 닥치더라도 끄떡없다. 점점 격렬하게 변하는 험한 날씨에, 수많은 인구가 좋은 음식을 꾸준히 먹기 위해서는 수직 농장이 큰 도움이 된다.

농사를 지을 수가 없어서 항상 식량을 수입해서 사는 처지가 싫었던 사막에 있는 나라들에서도 수직 농장은 인기를 끌었다. 달이나 화성 같은 우주 바깥 다른 행성에 자리를 잡고 사는 우주인들에게도 수직 농장은 식량을 마련하는 좋은 방법이다. 달이나 화성에는 비가 내리지 않고 넓고 기름진 땅도 없다. 기계 장치 속에서 식물을 기르는 수직 농장 방식이어야만 우주인들이 먹을 식량을 확보할 수 있다.

컴퓨터와 로봇이
김을 매는 스마트 농장

수직 농장 모듈에는 성능이 좋은 자동 조절 기계가 달려 있기 마련이다. 이 또한 빼놓을 수 없는 굉장한 장점이다. 이런 자동 조절 기계를 이용해서 농사를 짓는 방법을 흔히 스마트 농장이라고 부른다.

수직 농장 모듈에 달린 집게손에는 카메라가 달려 있다. 이 카메라로 컴퓨터가 농작물을 계속해서 촬영하고 살펴본다. 촬영된 영상 속 잎 색깔, 줄기 굵기, 식물의 나이 같은 정보를 인공지능이 분석한다. 그리고 물이 부족한지 비료가 부족한지 판단해서 자동으로 물과 비료를 준다. 필요하다면 온도를 더 올려 주고, 불빛을 밝혀 줄 때도 있다. 만약 병에 걸린 농작물이 발견되면, 병이 퍼져 나가기 전에 막을 수 있도록 급히 알려 준다. 컴퓨터에 연결된 집게손은 이렇게 쉬지 않고 24시간 식물을 관찰하고 보살핀다.

그 덕분에 스마트 농장은 사람의 손이 가는 일을 줄여 줬다. 가정용으로 나온 초소형 수직 농장 모듈 같은 경우, 잘 자라는 신품종 대파나 쪽파를 심어 놓고 전원을 콘센트에 연결하기만 하면 정말 모든 것이 끝이다. 식물을 돌보는 일은 장치 안에 달린 집게손과 컴퓨터가 알아서 다 한다. 베란다나 거실에 장식품처럼 갖다 놓고 오늘은 얼마나 자라났는지 구경이나 하면 된다.

그렇다 보니, 스마트 농장 장비를 이용해서 농사를 짓는 사람들이 중요하게 여기는 일도 달라졌다. 요즘 농사짓는 사람들은 농작물을 관리하는 소프트웨어로 무엇이 좋은지 살펴보고, 컴퓨터를 조작하는 데 주로 신경 쓴다.

인터넷을 돌아다니며 농사 소프트웨어를 어떻게 업그레이드할지 고민하는 것이 그들의 일이다. 새로 나온 소프트웨어를 쓰면 전기료를 아낄 수 있다더라, 예전 프로그램의 업그레이드 버전은 식물이 병에 걸렸을 때 더 빨리 대처해 준다더라 등등의 정보를 조사하고 고민한다. 세계 각국의 연구기관, 정부 또는 농민 하나하나가 각자 자신이 개선한 농작물 관리 소프트웨어를 오픈소스로 자료실에 올려 두고 있다. 농부들은 어떤 프로그램이 제일 좋은지 인터넷에서 치열하게 논쟁을 벌이기도 한다.

물론 수직 농장과 스마트 농장으로 모든 일이 다 해결된 것은 아니다. 나무가 무겁고 커다란 사과나 배 같은 작물은 층층이 높게 쌓아 올리는 수직 농장으로 기르기가 아무래도 어렵다. 키가 높이 자라는 옥수수 같은 작물도 수직 농장으로 값싸게 기르기란 쉽지 않다. 밭에 씨를 뿌리기만 하면 시작할 수 있는 옛날 방식 농사에 비해, 수직 농장은 기계 장치를 사는 데 일단 돈을 좀 들여야 한다는 점도 가난한 사람에게는 문제점이었다.

게다가 컴퓨터와 인공지능을 잘 다루는 사람들이 아무래도 유리할 수밖에 없는 방식이라는 특징도 문제가 되었다. 요즘 농사를 잘 짓는 사람들은 모두 컴퓨터, 로봇, 통계학, 생물학, 식물학을 잘 아는 사람들이다. 그에 비해 복잡한 기계 장치를 사용하지 않는 옛날 방식의 농업에 몇십 년 동안 익숙했던 사람들은 갑자기 수직 농장과 스마트 농장에 익숙해지는 것이 어려울 때가 있었다.

그렇다 보니, 모든 농사일을 수직 농장과 스마트 농장으로 바꾸기보다는, 농부가 정말로 필요한 곳에 쓸 수 있는 수준의 기술이 조금씩 개발되어 퍼지는 방향으로 미래의 농사가 바뀌고 있다.

그러니까 모든 것을 자동으로 처리하는 인공지능 기계 장치를 모든 농부가 사용해야 한다는 것은 아니다. 어떤 사람은 해충이 발생하지는 않았는지 24시간 밭을 감지하는 해충 감시 장치만 사용하고, 어떤 사람은 카메라로 농작물의 모습을 촬영한 뒤에 물을 얼마나 더 주어야 하는지 판단해서 알려 주는 프로그램만 사용하기도 한다. 어떤 사람은 높은 곳에 달린 과일을 자동으로 따는 로봇팔을 가끔 빌리는 정도만 스마트 농장 기술을 활용한다. 이 때문에 농기계를 빌려 주는 곳에서도 미래로 갈수록 다양한 로봇과 스마트 농장 장치를 구비하게 되었다.

빌딩 숲이 진짜
숲으로 변신하다

이런 변화 속에서 몇몇 사업은 완전히 자리를 잡았다. 건강식품이나 약의 재료가 되는 식물은 값이 비싸고 기르기 어렵기 마련이다. 이런 식물은 연구소나 공장과 연결된 수직 농장에서 직접 정밀하게 재배하는 경우가 많아졌다. 열대 지방에서만 자라는 특이한 과일과 향신료를 신선하게 키워서 그때그때 사용하는 수직 농장도 도시의 음식점이나 찻집에 설치되어 있다. 초록색 수직 농장 모듈로 사방이 숲속처럼 장식된 찻집에 들어가서 먹고 싶은 차를 고르면 즉시 잎을 잘라서 차를 끓여 준다.

'카페 골목'으로 유명한 도시의 거리 한편에 직접 커피나무를 길러서 커피를 수확하는 빌딩이 생기기도 했다. 커피 가게마다 독특한 커피나무를 길러서 맛이 다 다르다. 수직 농장 장치가 아니었다면 열대 지방에서 잘 자라는 커피를 기르기란 어려웠을 것이다. 이런 거리는 옛날 터키식 커피 가게나, 오스트리아식 커피 가게 분위기가 나도록 길거리의 가로등, 벤치, 표지판, 신호등, 울타리, 보도블록도 예스럽게 꾸며져 있는데, 독특한 분위기에 온갖 특이한 차를 길러서 마실 수 있는 구역으로 인기를 얻고 좋은 관광지가 되었다.

그리고 다양한 방식으로 농작물을 기를 수 있는 기술이 발전하자 다른 식물을 기르는 방법도 빠르게 발전했다. 세상이 미래로 흘러가면서 이제는 콘크리트 건물 벽면이나 쇠로 된 빌딩에 식물을 붙여서 기르는 방법도 실용화되고 있다. 20층, 30층짜리 건물 바깥을 온통 초록색 풀과 꽃이 뒤덮도록 만든 곳도 계속해서 늘고 있다는 이야기다. 삭막한 빌딩 숲, 콘크리트 정글은 지금 진짜 녹색 숲과 정글로 변해 가고 있다.

바로 먹는 선사 시대 과일
유전자 편집

쇼핑을 시작하기 전에

× DNA

지구의 모든 생명체의 세포마다 들어 있는 유전 물질이다. 그 전체적인 구조와 대략적인 모양은 어느 생물이든 같지만 서로 다른 생물일수록 세부 형태가 조금씩 다르다. 이 차이 때문에 생물이 서로 다른 모습과 성질로 자라나게 된다.

× 유전자 편집

생물은 자신과 닮은 자손을 낳는다. 이런 현상을 유전이라고 하는데, 사람이 그 과정을 조작해서 다른 모습의 자손이 나오도록 하는 작업을 유전자 편집이라고 한다. 보통 생물 속에 있는 DNA를 뽑아내서 그 모양을 수정한 뒤에 다시 집어넣는 방법을 이용한다.

× 유전자 편집 기술은 지금 어디까지 발전했을까?

대장균의 DNA를 유전자 편집 기술로 바꿔서 인슐린을 뿜어내도록 하는 기술은 이미 1978년에 개발되었다. 인슐린은 당뇨병 약으로 활용될 수 있으므로 이런 대장균을 키우는 것은 매우 유용하다. 2017년에는 돼지의 DNA를 유전자 편집 기술로 바꿔 먼 옛날인 2,000만 년 전 돼지의 조상이 갖고 있었던 성질을 가진 채 태어나도록 개량하는 실험이 성공하기도 했다.

○○○

과일이 진열된 곳에 도착해 보니 다양한 색깔의 과일이 여러 가지 포장에 담겨서 팔리고 있었다. 나는 빨간색 딸기와 새로 나온 노란색, 흰색, 초록색, 검은색 딸기를 조금씩 사기로 했다. 여러 가지 색깔의 딸기로 빵이나 케이크를 꾸미면 재미있겠다고 생각했기 때문이다. 예전에는 음식을 꾸밀 색깔을 만들려면 식용 색소를 샀지만 미래 시대에는 애초에 여러 가지 색깔로 자라나는 과일이 많다.

한 식물에서 볼 수 있는 색깔이라면 어지간하면 다른 과일에도 집어넣을 수 있는 것이 이 시대의 기술이다. 은행나무잎이 노랗게 물드는 성질을 갖고 있다면, 그 성질이 딸기에서 나오게도 할 수 있다는 뜻이다. 마찬가지로 짙은 보라색으로 물들어 검은빛을 보이는 포도가 있다면, 딸기도 검게 만들 수 있다.

이런 기술이 가능한 것은 모든 생물은 그 자라나는 방식이 비슷하기 때문이다. 지구에서 태어난 생물은 전부 '세포'라는 작은 덩어리가 뭉쳐 있는 것이다. 사람의 몸을 이루는 세포는 대체로 0.1밀리미터 정도의 아주 작은 크기인데, 이 세포가 100조 개 정도 모이면 사람 한 명이 된다. 그러니까 0.1밀리미터짜리 아주 작은 밥풀 같은 것을 사람 모양으로 이리저리 계속 붙여서 100조 개를 결합해 놓은 것이 바로 사람이다.

블록 4개로 표현하는
세상의 모든 생물

세포는 하나하나마다 가운데에 DNA라는 물질을 품고 있다. 이 DNA가 어떤 모양이냐에 따라서 세포가 어떤 모양으로 자라날지, 어떻게 살아가고 움직이게 될지가 대체로 정해진다. 말하자면 DNA는 세포를 이루고 있는 수많은 물질을 찍어 내는 틀에 해당한다. DNA의 모양에 따라 세포는 다른 모양이 되고 다르게 움직인다. 그 때문에 생물의 모습이 달라진다.

그런데 DNA는 항상 아데닌, 시토신, 구아닌, 티민이라는 네 가지 물질이 이리저리 아주 길게 결합되어 있는 형태다. 사람의 세포 속에 있는 DNA를 보면 이 네 가지 물질이 약 32억 개가 연결되어 있다. 아데닌, 시토신, 구아닌, 티민이라는 4개의 블록이 있고 이 블록을 한 줄로 계속 이어서 32억 개를 붙여 놓은 모양이 사람의 DNA라고 보면 된다. 실제로는 완벽하게 딱 한 줄로 연결되어 있는 것은 아니지만, 그래도 DNA라는 아주 길고 긴 물질이 사람 한 명당 100조 개가 있다는 세포마다 빠짐없이 들어 있는 것은 사실이다.

신기하고도 이상한 것은, 사람뿐만 아니라 다른 모든 생물의 DNA도 다 이런 식으로 생겼다는 점이다. 예를 들어 쌀의 DNA를 보면 아데닌, 시토신, 구아닌, 티민 등의 물질이 4억 개 정도 연결되어 있다. 네 가지 물질이 길게 연결되어 있는 모양이라는 점에서는 사람과 다를 바가 없다. 다만 사람의 DNA에 비해 연결되어 있는 수가 적고 연결 순서가 다를 뿐이다.

이것은 다른 생물도 마찬가지다. 지구상의 모든 생물은 DNA가 아데닌, 시토신, 구아닌, 티민이 이리저리 길게 연결된 모양이다. 그 네 가지 물질을 사람 DNA 모양으로 조립해서 세포 속에 넣어 놓으면, 그 세포가 사람 세포처럼 자라나고 움직이게 된다. 만약에 네 가지 물질을 쌀의 DNA 모양으로 조립해서 세포 속에 넣어 놓으면 그 세포는 쌀의 세포로 자라나서 쌀의 세포가 하는 모든 행동을 하면서 쌀이 된다. 네 가지 물질을 어떻게 조립해서 넣느냐에 따라 세균의 세포가 될 수도 있고, 나무의 세포가 될 수도 있고, 독수리의 세포가 될 수도 있다. 그리고 그렇게 만든 세포들을 잘 키워서 자라나게 할 수만 있다면 세균이 되고, 나무가 되고, 독수리가 되고, 사람이 된다.

이렇게 지구의 모든 생물은 DNA라는 물질을 이용하는 방식으로 태어나고 자라나기 때문에, 한 생물의 DNA 일부를 그대로 베껴서 다른 생물의 DNA에 끼워 넣는 실험을 해볼 수 있다. 이런 실험이 성공을 거두면 한 생물이 가진 특징을 다른 생물이 그대로 갖는다. 이런 식으로 DNA의 구조를 알아내고, DNA를 베껴서 똑같이 만들고, DNA를 잘라내고 다른 DNA를 끼워 넣는 여러 가지 일을 해볼 수가 있는데, 이런 부류의 작업을 유전자 편집이라고 한다.

사실 이런 일은 예전부터 우연히 이루어지기도 했다. 예를 들어 시력이 좋은 편인 아버지와 힘이 센 편인 어머니 사이에서 자식들이 태어난다면, 그중에 아버지도 닮고 어머니도 닮아서 시력도 좋으면서 동시에 힘도 센 자식이 있을 수 있다. 사람처럼 남녀가 있는 생물이라면 몸속에서 감수분열과 수정이라는 과정이 이루어지면서, 여성의 DNA 일부가 떨어져 나오고 그것이 남성의 DNA와 결합되어 섞이면서 자식이 태어나는 일이 언제나 벌어진다.

20세기 후반부터, 기술자들은 이런 과정을 원하는 만큼만 정확하게 이루어지게 하는 방법을 찾아내려고 했다. 그렇게 해서, 은행나무잎의 DNA에서 노란색을 내는 역할을 하는 부분만 정확하게 떼어 와서 딸기의 DNA에 살짝 끼워 넣는 기술을 개발하는 데 도전한 것이다.

처음 시도할 때는 정확하게 작업하는 것이 쉽지 않았다. DNA를 이루는 아데닌, 구아닌, 시토신, 티민 같은 물질은 그 크기가 0.000001밀리미터 정도밖에 되지 않는다. 이렇게 작은 물질이 수억 개, 수십억 개 연결된 모양을 읽어 내고 또 정확하게 재조립하는 과정은 너무나 세밀한 기술이었다. 게다가 조작하는 과정에서 이런 물질을 길게 연결하면서 다시 조립하는 일은 시간이 너무 오래 걸렸고, 지루하고 피곤하기도 했다.

그렇지만 기술자들은 포기하지 않았다. 그들은 컴퓨터와 로봇을 이용해서 자동으로 지루한 일을 반복해 주는 장치를 만들었다. 세균과 바이러스의 미세하고 특이한 활동을 관찰하고 그 행동을 이용해서 사람이 유전자 편집을 하는 데 도움이 되도록 활용하는 방법을 개발하기도 했다. 예를 들어 다른 생물의 유전자를 공격하는 세균과 바이러스의 성질을 교묘하게 역이용해서 원하는 대로 DNA를 조작하는 기술을 개발할 수도 있었다.

이런 과정을 거치면서 20세기 후반부터 21세기 초까지 몇십 년간 DNA를 읽고 조작하는 기술의 속도와 가격 경쟁력이 빠르게 발전했다. DNA를 다루는 기술이 발전하는 속도가 너무나 빨라서, 컴퓨터 기술이 빠르게 발전한 것에 익숙한 사람조차도 놀라게 만들었다. 한 가지 예를 들자면, 과학자들이 2000년대 초에 맨 처음 32억 개의 물질이 조합된 사람의 DNA 구조를 다 파악해 내는 데는 3조 원가량의 연구비가 필요했다. 하지만 2010년대 말이 되자 같은 작업을 하는 데 몇백만 원의 비용이면 충분하게 되었다.

이렇게 빠르게 발전한 기술을 가지고 사람들은 다양한 생물의 DNA를 조작해 특징을 여러 가지로 바꿔 나가기 시작했다.

산삼만큼 몸에 좋은
토마토 만들기

여러 가지 색깔을 내는 과일만 개발한 것이 아니다. 미래 시대에 그보다 훨씬 인기 있는 제품으로는 다양한 영양소가 들어 있는 농작물이 있다. 예를 들어서 쌀의 DNA를 편집해서 당근 속 비타민A를 만들어 내는 DNA를 끼워 넣기도 한다. 당근만큼이나 비타민A가

풍부하기 때문에, 비타민A가 부족한 사람들은 이 쌀로 밥을 지어 먹으면 좋다.

이런 방식으로 다양한 작물이 더욱 풍부한 영양소를 갖도록 만들 수 있다. 이 농작물을 식량이 부족한 지역에서 기르면, 지역 사람들이 몸에 좋은 식품을 훨씬 쉽게 구하게 된다. 다양한 음식이 없는 지역의 주민들도 좀 더 건강하게 지낼 수 있다.

같은 방식으로 기술자들은 기르기 쉬운 농작물이 값비싼 약물 성분을 품고 있도록 개량하기도 했다. 무섭고 힘든 병을 치료할 수 있지만 구하기가 어려운 약이 있다면, 평범한 농작물이 같은 약 성분을 품은 채로 자랄 수 있도록 유전자 편집에 도전한다.

예를 들어 깊은 산속의 1,000년 묵은 산삼에서만 만들어지는 약효가 있다고 하자. 그 약효를 갖는 성분이 DNA의 어느 부분 때문에 만들어지는지를 알아낸다. 그러고 기르기 쉬운 토마토나 상추 같은 농작물에 DNA를 끼워 넣는 데 성공하면 이제부터는 토마토로 산삼 성분의 약을 얻을 수 있게 된다. 덕분에 돈이 없어서 약을 먹지 못하던 많은 사람이 목숨을 구할 수 있다.

이런 조작은 꼭 식물끼리만 할 수 있는 것도 아니다. 동물의 몸 속에서만 생기는 성분을 식물이 뿜어내게 할 수도 있고, 심지어 눈에 보이지도 않는 대장균 같은 세균이나 효모와 비슷한 곰팡이가 식물이나 동물 몸속에 있는 성분을 뿜어내게 편집할 수도 있다.

실제로도 키우기가 쉽고 빨리 자란다는 특징 때문에 대장균을 이용해서 여러 가지 실험을 많이 하곤 했다. 효모 또한 키우기 쉬운 편인 데다가 세균에 비하면 DNA 구조가 사람과 훨씬 비슷하기 때문에 다양한 실험 대상이 되었다. 2000년대 초부터 이미 효모의 DNA를 개조해서 당뇨병 약이나 말라리아 약 성분을 뿜어내도록 만든 제품이 여럿 개발되기도 했다.

그렇다 보니 이제 농부들은 쌀이나 보리를 키우는 일 못지않게 세균이나 곰팡이를 키우는 농사에도 관심이 많다. 무엇인가 푹푹 썩어 가고 있는 냄새가 나는 비닐하우스가 있어서 농사를 망치고 버려 놓은 곳이구나 착각했는데, 알고 보니 귀중한 약 성분을 뿜어내는 세균과 곰팡이를 키우는 농장이었다는 사례는 점점 많아지고 있다. 최근에는 과일의 맛과 모양을 자유자재로 바꿔서 이미 멸종되어 사라진 줄 알았던 선사 시대의 과일이나, 전혀 예상하지 못한 다른 맛을 갖고 있는 채소를 키우기도 한다.

더 안전한 유전자 조작을 위한 노력

이런 상품이 나왔던 초기에는 유전자를 편집하는 기술에 혹시 알지 못하는 부작용이 있지는 않을까 하는 걱정이 많기도 했다. 사람이 만든 특이한 생물이 갑자기 바깥세상에 혼자 퍼져 나가서 예상하지 못한 사고가 일어나는 것을 두려워하는 사람도 있었다.

그렇지만 과학이 발전하면서 이런 위험을 예상하고 관리하는 방법을 고민하는 사람들도 연구를 계속했다. 그래서 미래로 갈수록 유전자 편집 기술의 위험을 방지하는 방법도 점차 함께 발전했다. 비교해 보자면, 옛날에는 불을 붙이면 폭발하는 석유 가스가 그저 위험한 물질일 뿐이었지만 기술이 발전하면서 집집마다 석유 가스를 가스렌지에 연결해서 안전하게 요리할 수 있게 된 것과 마찬가지다.

특히 DNA의 구조를 확인하고 읽어 내는 기술이 점점 더 빠르게 발전한 것이 유전자 편집을 안전하게 만드는 데 좋은 영향을 끼쳤다. 예전에는 생물의 DNA 구조를 알아내려면 솜씨가 뛰어난 연구원들이 거대한 장비를 갖춘 좋은 실험실에서 오랫동안 일을 해야 했다. 그렇지만 요즘은 어디에나 들고 다닐 수 있는 작고 간단한 기계 한 대면 누구나 쉽게 DNA 구조를 알아낼 수 있다. 옛날에는 DNA 구조를 보고 어떤 특징이 있는지 알아내는 데에도 복잡한 내용을 계산할 수 있는 커다란 슈퍼 컴퓨터가 있어야 했다. 그렇지만 요즘에는 휴대폰으로도 DNA의 문제와 변화를 분석할 수 있다.

그래서 요즘에는 농부가 직접 논과 밭을 돌아다니며 그때그때 DNA를 분석해 농사를 짓는다. 혹시 유전자 편집의 부작용이 나타날 가능성이 조금이라도 없는지 계속해서 살핀다. 그뿐만 아니라 이런 기술을 이용해서 갑자기 새로운 세균이나 바이러스가 나타나지는 않았는지 전국 곳곳에서 수시로 관찰하기도 한다. 갑작스럽게 생태계가 바뀌고 있지는 않은지도 파악한다. 농작물을 덮쳐오는 병이나 해충을 재빨리 알아차리고 예방하기도 한다.

몸에 좋은 성분이 많이 들어 있고 보기 좋고 맛까지 있는 농작물을 만들어 낸 것 이외에도 유전자 편집 기술은 농작물을 쉽고 튼튼하게 키우는 데에도 큰 도움이 되었다. 가뭄에 잘 버티는 생물의 DNA를 이용해서 밀과 옥수수 같은 작물을 개조하는 데 기술자들은 성공을 거두고 있다. 같은 방식으로 홍수에 잘 버티는 과일을 개발할 수도 있다. 이런 작물들은 기후변화로 가뭄과 홍수가 점점 심해지는 상황에서도 꿋꿋하게 자라난다. 농사가 잘되지 않아 많은 사람이 굶주리고 있는 지역에서 수없이 많은 목숨을 구할 수 있다.

한편으로는 그 덕택에 몇몇 작물을 키우기가 아주 간편해졌다. 농민들의 삶이 편해졌다. 농사일 외에 다른 직업을 갖는 사람이 생기기도 하고, 반대로 도시에서 다른 직업을 갖고 있는 사람이 주말 시간을 이용해서 농촌에 잠깐 찾아가 농사를 짓는 일이 많아지고 있다. 간단하게 길러도 쑥쑥 잘 자라는 농작물이 벌써 여러 종류가 개발되어 나와 있기 때문이다. 이런 변화는 도시 사람과 농촌 사람 사이의 교류가 많아지게 하면서, 사람 사이의 문화를 바꿔 나가기도 한다.

한동안은 동물을 개량하는 곳에서도 유전자 편집 기술이 인기를 끌기도 했다. 미래 시대로 오면서 이런 기술을 좀 급하게 활용한 사례도 있었다. 미래 시대의 한 시청에서는 공룡 공원을 만들어 관광거리를 조성하겠다고 나선 적이 있다. 처음에는 코모도왕도마뱀같이 크게 자라는 도마뱀을 구한 뒤에 그 DNA를 바꿔서 더 커다랗

**미래 시대에는 애초에
과일이 여러 가지 색깔로 자라난다**

게 만든다고 했다. 코모도왕도마뱀은 원래 3미터 정도의 길이로 자라나곤 하기 때문에 유전자 편집을 조금만 해도 6미터에서 7미터 길이로 키울 수 있다. 7미터면 구경하는 사람을 압도할 수 있는 크기다. 이런 동물을 여러 마리 모아 두고 그곳을 공룡 공원이라고 선전한 것이다.

시청 사람들은 공룡의 후손이라고 할 수 있는 새의 DNA를 바꿔 공룡 모습에 가깝게 만드는 기술을 시도하기도 했다. 타조 같은 커다란 새를 깃털을 줄이고 턱과 이빨을 강하게 해 공룡과 닮은 모습으로 바꾼 것이다. 심지어 시청에서는 이 기술로 날개가 달린 용처럼 생긴 동물을 만들어 전시할 거라는 계획을 내놓았다. 길다랗게 생긴 도마뱀을 두고 사슴의 DNA에서 한 부분을 떼어 와서 뿔이 돋아나게 만들고, 박쥐의 DNA에서 한 부분을 떼어 와서 도마뱀 가슴에서 날개가 펼쳐지게 한다는 계획이었다.

그러나 동물을 그저 사람의 구경거리로만 삼는다는 비판이 심해졌다. 유전자 편집 때문에 위험한 문제가 생기는 것을 방지하려는 사람들도 있었다. 곧 시청은 사업을 중단하게 되었다. 빠르게 변화하는 사회에서는 그만큼 변화의 위험에 대해서도 같이 고민하고 여러 사람의 의견에 세심히 주의를 기울여야 한다는 생각이 뿌리 깊이 자리 잡았기 때문이다.

요즘 시청은 사람들의 지지를 받는 다른 사업을 계획하고 있다고 한다. 전라남도 목포의 유달초등학교에는 1907년에 영광에서 붙잡힌 호랑이가 실제 표본으로 보존되어 있다. 시청 사람들은 이제 이 호랑이 표본에서 최대한 많은 DNA를 뽑아낸 뒤에, 살아 있는 호랑이가 태어나게 하겠다는 계획을 발표했다. 남한에서 완전히 멸종되어 오랫동안 사라져 있었던 호랑이를 기술의 힘으로 다시 포효하게 하겠다는 이야기다.

바닷물을 생수로 바꾸는 정수기
나노 기술

쇼핑을 시작하기 전에

× 나노 기술

나노nano는 어떤 단위의 10억분의 1을 뜻한다. 그래서 대체로 나노 기술nano technology이라고 하면, 1나노미터 즉 10억분의 1미터 정도의 아주 작은 크기를 다룰 수 있는 기술을 뜻한다. 1밀리미터가 1,000분의 1미터이므로, 1나노미터는 100만분의 1밀리미터가 된다. 분자는 물질을 이루고 있는 작은 알갱이다. 분자 하나하나의 크기를 재어 보면 큰 것이라고 해도 몇 나노미터 정도로 측정되는 경우가 많기 때문에, 나노 기술은 보통 분자 한두 개 정도를 골라내며 움직일 수 있는 기술을 일컫는다.

× 해수 담수화

사람이 마시는 용도로 사용할 수 없는 바닷물을 소금기가 없고 마음껏 마실 수 있는 물로 바꾸는 작업이다. 간단하게는 바닷물을 끓이고 끓어오른 수증기를 따로 뽑아내 식혀 다시 물로 만드는 방법을 사용할 수 있다. 얼마 전부터는 나노 기술을 이용해서 바닷물 속 사람이 많이 먹으면 안 되는 성분만 걸러 내는 형태의 기술도 시도되고 있다.

× 나노 기술은 지금 어디까지 발전했을까?

나노 기술을 현재 가장 널리 활용하고 있는 곳은 반도체 공장이다. 2020년 1월 우리나라의 한 반도체 회사는 3나노 공정기술을 개발했다고 발표했다. 이 말은 작고 정교한 반도체를 만들기 위해서 3나노미터, 즉 100만분의 3밀리미터 정도 크기의 아주 작은 모양을 부품에 새기는 기술을 개발했다는 뜻이다.

○ ○ ○

영양제와 건강기능식품이 있는 코너로 걸어가기 전에 목이 말라 물을 한잔 마시려고 했다. 상점 한쪽에는 의자, 탁자와 함께 물을 마실 수 있는 곳이 있었다. 정수기에 달려 있는 버튼을 누르면 누구나 무료로 물을 받을 수 있다.

그런데 정수기에 작은 화면이 같이 달려 있었다. 화면에는 물이 얼마나 깨끗한지, 혹시 물을 오염시키는 물질은 없는지를 그때그때 측정한 결과가 나왔다. 물이 충분히 깨끗한 모양인지 화면 속 숫자가 모두 초록색 글씨로 적혀 있고 그 옆에는 웃는 얼굴 모양이 있다. 그런데 화면에 소듐과 염소chlorine라는 말이 유독 크게 표시된 것이 이상했다.

나는 화면에 있는 물음표 모양을 눌러 보았다. 그러자 정수기의 컴퓨터가 무엇이 궁금하냐고 물었다.

"소듐과 염소는 왜 크게 적혀 있어요?"

"소듐과 염소가 소금의 성분이기 때문입니다. 이 물은 바닷물에서 소금기를 빼내고 사람이 마실 수 있도록 깨끗하게 걸러 낸 물입니다. 그래서 소금기가 확실히 제거되었는지 확인하기 위해서 소듐과 염소를 항상 챙겨 보는 것입니다."

짠 바닷물을 마음 놓고 마실 수 있게 바꾸는 장치에 정수기가 연결되어 있다는 이야기였다. 이런 장치를 해수 담수화 장치라고 부르는데, 미래 사회가 되면서 부쩍 늘어났다. 더 깨끗한 물을 손쉽게 얻고 싶은 사람을 위해서나, 가뭄이 들어 물을 구하기가 어려울 때를 대비하기 위해서였다.

특히 기후변화가 심해지는 것을 걱정하는 사람들이 이런 장치를 더 많이 만들 생각을 가졌다. 심한 가뭄이 들어 깨끗한 물을 구하기 어렵게 되면 바로 이런 장치를 이용해서 항상 넉넉한 바닷물에서 마실 물을 뽑아낸다. 물이 부족하고 사막이 많은 나라에서도 이런 장치가 많아지고 있다.

사실 해수 담수화 장치는 20세기에 이미 세계 곳곳에 설치되고 있었다. 그런데 그때만 해도, 장치를 건설하는 데 돈이 많이 들고, 가동해서 마실 물을 만들어 내는 데에도 돈이 많이 들었다. 그래서 널리 퍼지기가 쉽지 않았다. 그런데 나노 기술이 발전하면서 상황이 바뀌었다.

100만분의 1밀리미터를
자르고 붙이는 기술

나노 기술에서 나노라는 말은 나노미터라는 말에서 가져온 것이다. 1나노미터는 0.000001밀리미터를 뜻한다. 그러니까 나노 기술은 0.000001밀리미터라는 아주 작은 단위로 측정되는 작고 섬세한 조작을 잘 해낼 수 있는 기술이라는 뜻이다.

세밀한 조작을 섬세하게 하는 기술을 갖게 되면 과거에는 불가능한 일을 여러 가지 해낼 수 있다. 이런 기술을 잘 사용한다면 마치 시간을 되돌리는 것 같은 놀라운 일도 어느 정도는 가능하다.

누군가 도자기로 된 병을 높은 곳에서 떨어뜨렸다고 생각해 보자. 그러면 도자기는 바닥에 떨어진다. 곧 도자기는 산산조각이 난다. 보통 이렇게 도자기가 깨지면 더 이상 쓸 수 없다고 생각한다.

도자기를 깨뜨리기는 쉽지만 깨진 도자기가 저절로 원상태로 복구되지는 않는다. 만약 온전한 도자기 사진과 산산조각 난 도자기 사진을 나란히 보여 주면서 어떤 것이 먼저 생긴 일이고 어떤 것이 나중에 생긴 일이냐고 물어보면, 대부분 온전한 도자기가 먼저 있었던 일이고 깨진 도자기가 나중에 생긴 일이라고 생각한다. 그것이 평범한 변화이기 때문이다. 학자들은 그래서 이런 변화를 두고 '엔트로피entropy가 증가한다'는 말로 설명하기도 한다.

그런데 만약 누군가 섬세한 기술을 가진 사람이 도자기 조각을 하나하나 다시 주워서 조립한다고 해보자. 그 사람의 정교한 기술과 노력으로 도자기는 다시 원래 모습처럼 돌아갈 수 있다. 실제로 조선 시대, 고려 시대에 깨진 도자기 유물을 발견한 고고학자들은 손을 세밀하게 움직여 도자기를 원래 모습대로 되돌리기도 한다. 말하자면 섬세한 기술로 도자기의 '엔트로피를 감소시킨다'고 할 법한 일을 해낸다.

이와 비슷한 사례는 다양하다. 누가 국에 고춧가루를 많이 뿌려 버렸다고 하자. 너무 매워서 못 먹게 되었다고 생각할 수도 있다. 그렇지만 아주 세밀하게 국 속에 있는 1밀리미터 내지는 0.5밀리미터밖에 되지 않는 고춧가루 하나하나를 모두 다시 골라낼 수 있는 기술이 있다면, 국을 덜 맵게 되돌릴 수 있다. 음식에 모래를 뿌리면 그 음식은 못 먹게 되겠지만, 만약에 누군가 0.1밀리미터, 0.01밀리미터밖에 되지 않는 모래알을 하나하나 모두 집어낼 수 있는 기술이 있다면, 음식을 다시 원래 상태에 가깝게 되돌릴 수 있을 것이다.

이런 이유로 정밀하게 무엇인가를 조작하는 기술을 갖고 있다면, 엔트로피를 줄이는 것 같은 일을 할 수 있다. 그리고 그 정밀하게 조작할 수 있는 기술의 수준이 나노미터 크기, 즉 0.000001밀리미터 정도가 되면, 마치 시간을 되돌리는 듯한 일도 몇 가지 정도는 할 수 있게 된다.

예를 들어서 바닷물에 녹아 있는 소금 성분만을 골라내 짭짤했던 바닷물을 점점 싱겁게 만들 수 있을 것이다. 소금 1그램 속에는 소듐 원자와 염소 원자가 10에 22승 개 정도 들어 있다. 이것을 물에 녹이면 소듐 원자와 염소 원자가 전기를 띈 상태가 되어 물 여기저기에 퍼져 있게 된다. 이때 염소 원자 하나의 크기는 대략 0.0000002밀리미터에 좀 모자란 정도다. 다른 단위로 말하면 0.2나노미터 정도다. 만약 우리에게 이 정도 크기의 알갱이를 정확하게 골라내는 기술이 있다면, 바닷물 속에서 소듐이나 염소만 꺼낼 수가 있다. 짠물이 다시 싱거워진다.

나노 기술을 꿈꾸는 대로 마음껏 사용한다면, 타서 재가 되어 버린 물질을 되돌릴 수 있을지도 모른다. 부탄가스 butane gas에 불을 붙이면, 부탄가스라는 물질을 이루고 있는 탄소와 수소 원자는 쪼

개져 흩어진다. 그리고 흩어진 탄소 원자가 공기 중의 산소 원자와 다시 붙어서 이산화탄소로 변해 날아가게 된다. 이산화탄소 알갱이 하나의 길이는 대략 0.0000002밀리미터를 조금 넘는 정도다. 만약 이 이산화탄소를 하나하나 붙잡아 다시 탄소와 산소로 나눈 뒤에 원래 위치에 갖다 놓는다면, 불타 없어져 버린 부탄가스를 다시 되돌릴 수 있다.

그렇다고 나노 기술을 모든 상황에서 원하는 대로 마음껏 쓸 수 있는 것은 아니다. 그런 정밀한 조작을 하는 데에 전력이 너무 많이 소모되거나 다른 귀한 재료를 소모해야 해서 활용하기 어려운 경우가 허다하다. 게다가 제법 정밀한 조작을 할 수 있는 기술을 개발했다고 해도 속도가 너무 느려서 실제로 쓰기에는 소용이 없을 때도 많았다.

그렇지만 기술자들은 꾸준히 기술을 가다듬는 데 도전했다. 1980년대에는 탄소 원자 60개를 축구공 모양으로 조립하는 데 성공해서 눈길을 끌기도 했다. 이렇게 만든 어마어마하게 작은 축구공에 풀러렌fullerene이라는 이름을 붙였다. 풀러렌은 지름이 0.000001밀리미터 즉 1나노미터 정도였다. 한편으로 1990년대에는 탄소로 아주 가느다란 빨대 모양을 만드는 기술이 관심을 받기도 했다. 이렇게 만든 빨대는 그 굵기가 0.00001밀리미터 그러니까 10나노미터 정도가 되는 것도 있었는데, 그래서 이런 빨대 모양을 탄소 나노튜브carbon nanotube라고 부르게 되었다.

처음 이런 물질이 나왔을 때만 해도, 신기한 기술이라는 생각

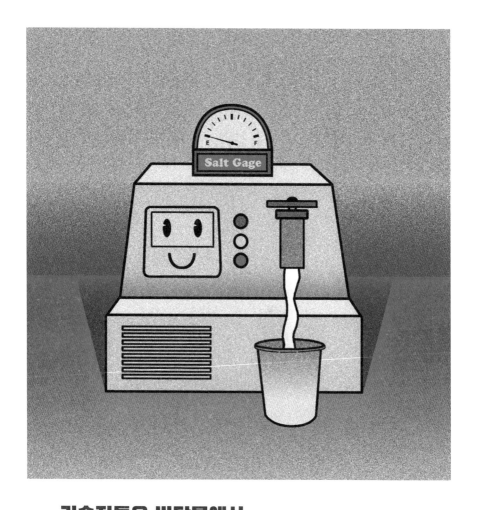

기술자들은 바닷물에서
소금 외에 더 귀한 것을 골라내는
방법도 생각해 보게 되었다

은 들지만 과연 무엇을 할 수 있을지, 별로 실용적이지는 않다는 주장도 있었다. 실제로 마법처럼 시간을 되돌릴 수 있다는 꿈에 비해서는 21세기 초에 기술 발전이 그만큼 빠르지는 않아서 종종 실망하는 사람이 나오기도 했다.

그래도 기술자들은 하나둘 개발된 기술을 활용하는 방법을 연구했다. 그렇게 하다 보니, 결국 2010년대 후반에 들어설 무렵에는 아주 작은 크기를 다루는 기술을 다양한 분야에서 실제로 활용할 수 있게 되었다.

예를 들어 어디에 쓸까 싶었던 탄소 나노튜브는 배터리의 성능을 더 뛰어나게 만드는 데 활용되었다. 배터리의 재료 속에 탄소 나노튜브를 섞어 넣으면 마치 아주 가느다란 전선처럼 전기를 잘 통하게 해줘서 배터리가 전기를 잘 저장할 수 있게 도와준다. 2020년 무렵 우리나라의 화학 회사들은 탄소 나노튜브를 매년 수백 톤씩 만들어서 판매했다.

한편 반도체 회사들은 아주 작은 크기의 반도체 칩 위에 전자 회로를 만들어서 작은 크기지만 굉장한 성능을 갖고 있는 전자제품을 만들어 내게 되었다. 이런 반도체 속에 전자 회로를 만들 때는 전선의 굵기를 가늘게 해야만 한다. 2010년대 말, 우리나라 반도체 회사들은 전선의 폭이 0.00001밀리미터, 즉 10나노미터 정도로 가는 제품을 개발해 냈다. 이 정도 굵기면 100만 가닥을 하나로 꼬아 놓아도 머리카락 굵기도 되지 않는다.

본격적으로 나노 기술을 활용하는 제품이 나오면, 더 성능이 뛰어나고 작고 가벼운 전자제품도 얼마든지 등장할 수 있다. 미래 시대에 값싸고 성능 좋은 전자제품, 인공지능 기계, 자연스럽게 움직일 수 있는 로봇이 이렇게 많이 나올 수 있는 것도, 결국 작은 크기를 다루는 세세한 기술을 개발한 덕택이다.

나노 기술이 이렇게 잘 발전하게 되자, 기술자들은 바닷물에서 그저 소금을 골라내는 것 외에 더 귀한 것을 골라내는 방법도 생각해 보게 되었다.

물에서 황금을 만들고
나이를 거꾸로 먹게 하는 마법

세상의 온갖 것이 씻겨서 결국 흘러 흘러 모이게 되는 곳이 바다다 보니, 바닷물 속에는 조금이기는 하지만 여러 물질이 녹아 있다. 아주아주 적은 양이기는 하지만 금도 있고 은도 있다. 예를 들어서 바닷물 1만 톤 속에는 대략 3그램 정도의 은이 들어 있다. 금도 10만 톤 속에 대략 1그램이 좀 못 미치게 들어 있다. 만약 그 작디작은 금과 은을 골라내는 기술만 있다면, 바닷물에서 금은을 뽑아낼 수가 있다.

들자 하니 지금 내가 물을 마신 정수기를 만든 회사는 수백 년 전 황금을 만드는 기술을 대대로 연구했던 연금술사 가문의 후손이 차렸다고 한다. 그 사람은 어느 동업자를 만나서 나노 기술을 연구하는 회사를 만들게 되었고 큰 성공을 거뒀다. 공교롭게도 동업자도 늙은 사람을 다시 젊게 해준다는 전설 속 샘을 대대로 찾아다녔던 가문의 후손이라고 한다. 그들의 조상은 소원을 이루는 데 실패했다. 하지만 두 명의 동업자는 때마침 세상에 꼭 필요했던 나노 기술을 연구해서 회사를 크게 키울 수 있었다.

마그네슘 같은 물질의 경우에는 광산에서 캐내지 않고 바닷물 속에서 뽑아내는 방식이 이미 20세기에 실용화되기도 했다. 나노 기술이 발전할수록 귀한 자원을 바닷물에서 뽑아내는 방법은 점점 다양해지고 있다. 그러므로 금광이나 은광을 갖고 있지 않은 지역에서도 훌륭한 나노 기술만 있으면 바닷물에서 보물처럼 귀한 물질을 뽑아낼 수 있다. 황금을 만들려고 했던 옛날 연금술사 조상의 환상이 나노 기술의 힘을 빌려서 현실이 되고 있다고 말할 수도 있겠다.

물에 잘 젖지 않는 옷, 쉽게 더러워지지 않는 건물 바닥, 냄새를 없애 주는 화장실 타일 등 놀라운 성능을 가진 재료와 소재, 옷감을 만드는 데에도 나노 기술은 꾸준히 활용되고 있다.

물 한 방울은 20조의 1억 배 정도 되는 수의 아주 작은 물 알갱이들, 즉 물 분자가 모여 있는 덩어리다. 그리고 물에 젖는다는 것은 이 작은 물방울 알갱이들이 옷 속에 달라붙어 파고들어 온다는 뜻이다. 그런데 물 분자 하나의 크기는 0.0000003밀리미터 즉 0.3 나노미터 정도다. 그러므로 이 정도 크기에서 물 분자 하나하나가 달라붙기 어려운 모양이 되도록 울타리 역할을 하는 모양을 만들어 옷감 위에 촘촘히 붙여 놓을 수 있다면 그 옷감은 물에 잘 젖지 않게 될 것이다. 비슷하게 화장실 냄새의 원인이 되는 암모니아 ammonia도 물 분자 못지않게 작은 암모니아 분자 알갱이가 화장실 속을 이리저리 날아다닌다. 만약 작은 그기의 암모니아 분자를 잡아내는 거름망을 만들 수 있다면 냄새를 없앨 수도 있다.

미래 시대의 나노 기술은 심지어 사람들이 시간을 되돌리는 것 같은 체험을 하게 해주기도 한다. 늙는 것을 늦추고, 나이 든 사람을 다시 조금씩 젊어지게 하는 데에도 나노 기술이 활용된다.

나이가 들수록 몸에 있는 DNA의 말단소체 telomere라는 부분이 점차 닳아 없어지는 것이 노화의 원인이라고 지목하는 연구는 옛날부터 많았다. 그런데 DNA라는 물질은 그 한 가닥의 굵기가 0.000002밀리미터 즉 2나노미터 정도다. 손상된 말단소체를 부작용 없이 말끔하게 되살리려면 이 정도 크기의 물체를 세밀하게 조작해서 고쳐야 한다. 그러니 사람이 늙는 것을 막는 데 여러 가지 나노 기술이 직접적이든 간접적이든 위력을 발휘할 수밖에 없다.

한편으로는 활발히 반응을 일으키는 형태의 산소, 즉 활성산소가 사람을 늙게 하는 원인이라고 지적하는 사람도 있다. 활성산소는 몸속의 여러 물질을 엉뚱한 다른 물질로 바꿔 버릴 수가 있는데, 이런 일이 오랫동안 일어나면 사람 몸 곳곳이 점점 망가지고 낡는다. 산소 원자 하나가 지나가며 망가뜨리는 크기도 대체로 1나노미터 이하의 규모다. 이런 곳을 찾아서 고치고 회복시키는 방법을 찾아내려면 나노 기술을 활용해야 한다. 덕분에 나노 기술이 발달한 미래 시대가 되자 사람들은 더 건강하게 살 수 있게 되었다.

노인이 갑자기 아기처럼 변하는 일은 여전히 어려워 보인다. 지긋지긋한 관절염이라든가 점점 눈과 귀가 나빠지고 뇌 기능이 떨어지게 되는 일은 훨씬 더 잘 막아 낼 수 있다. 요즘은 사람들이 장수하면서 노인 인구가 점점 더 많아지는 세상이다. 따라서 나노 기술을 이용해서 노인들을 건강하게 만드는 일은 노인들을 부양해야 하는 젊은 층의 부담을 더는 것이기도 하다. 한국인은 예로부터 효도를 중요하게 생각했다고 하는데 요즘은 우리나라의 발달한 나노 기술이 효자 역할을 하고 있다고 할 수 있다. 이만하면, 전설 속에 나오는 젊음의 샘까지는 아니겠지만 그 엇비슷한 것을 만들어 냈다고 볼 수 있을지도 모르겠다.

이렇게 작은 크기로 정밀한 작업을 해내는 일은 칼이나 핀셋 같은 도구로는 불가능하다. 아무리 칼날이 날카롭고 핀셋이 뾰족하다고 해도, 나노미터 크기보다 몇천 배는 크다. 따라서 보통 이런 섬세한 크기로 작업을 하는 일은 빛이나 전기가 물질에 주는 충격을 활용하는 경우가 많다. 또 다양한 화학 물질을 이루는 원자들이 서로 끌어당기거나 밀어내고, 달라붙거나 잘라 내는 성질이 있는 것을 교묘하게 이용하는 방법을 쓰기도 한다. 그래서 반도체 공장에는 빛을 조절해서 뿜어 주는 장비를 갖추고 있기 마련이고, 약을 만드는 공장에서는 다양한 화학 물질을 항상 마련해 두고 있다.

그렇게 보면 전설 속 젊음의 샘이 마법으로 사람을 젊어지게 한다면, 나노 기술은 화학과 물리학, 전자공학과 재료공학의 힘으로 사람을 건강하게 해주고, 세상을 편리하게 만들고 있다.

　나는 물을 마시면서 정수기에 나오는 수질 측정 결과를 다시 한번 살펴보았다. 화면 아래에 광고 문구가 지나갔다. 이 회사는 정수기 속에 오염된 물질이 얼마나 들어 있는지 알아내는 기술을 갖고 있는데, 그 기술을 이용해서 사람의 건강을 측정해 주는 제품도 개발했다고 소개했다. 그것을 보고 있으니, 집에 가는 길에는 보건소에서 만들어 놓은 부스에 들러야겠다는 생각이 들었다.

사람이 내쉬는 숨으로
건강을 진단하는 기계

미래 시대의 동네 의원이나 보건소에는 작은 분석 기계가 있는데, 이 기계에 숨을 불어넣거나 손에서 난 땀을 묻히면 그 성분을 컴퓨터가 확인해서 몸이 얼마나 건강한지 알려 준다. 배 속에서 무슨 일이 일어나는지에 따라 안에서 서로 다른 물질이 생기기 마련인데 이런 물질들은 아주 조금씩 숨에 섞여서 입 밖으로 나온다. 분석 기계는 그 아주 적은 양의 물질을 정확하게 감지한다. 이런 정밀함 역시 나노 기술의 결과다.

　분석 기계는 의심스러운 점이 발견되면 큰 병이 들기 전에 바로 의사를 만나 보라고 충고해 준다. 그러니까 매일 누구나 한 번씩 들러서 간편하게 십몇 초 동안 기계를 사용하는 것만으로 번거롭고 비용이 많이 드는 건강 검진의 상당 부분을 받을 수 있는 셈이다.

　매번 기계의 화면에는 어떤 생활 습관을 갖는 것이 좋은지, 어떤 운동을 하는 것이 좋은지 조언이 나타난다. 역시 건강을 잃기 전에 미리미리 몸을 튼튼히 하는 것이 가장 좋은 대책이기 때문이다. 아무리 시간을 되돌려 주는 것 같은 나노 기술이 있다고 할지라도 이것은 변함없는 진리다.

잡화 코너

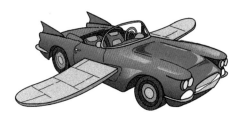

세계인의 연료, 썩연료 × 바이오 연료
하늘을 나는 무인 택시 × 자율주행차
초등학생용 해킹 키보드 × 5G 활용 미래 교육
녹색 창문 필름 × 기후변화 적응 기술

세계인의 연료, 썩연료
바이오 연료

쇼핑을 시작하기 전에

× 바이오 연료

생물체가 만들어 낸 물질로부터 얻는 연료를 말한다. 생물 연료라고도 한다. 나무를 땔감으로 쓰는 것처럼 생물이 남긴 몸체를 그대로 태우는 방식도 간단하게는 바이오 연료 biofuel로 볼 수 있지만, 보통은 석유, 석탄처럼 널리 쓰이던 기존 연료를 쉽게 대체할 수 있는 형태를 가진 제품을 바이오 연료라고 부르는 경우가 많다.

× 1세대, 2세대, 3세대 바이오 연료

흔히 1세대 바이오 연료 기술이라고 하면 유채꽃에서 기름을 짜서 쓰는 것처럼 연료를 쉽게 뽑아낼 수 있는 작물을 가공해서 만드는 것을 말하는 경우가 많다. 2세대 바이오 연료 기술은 쉽게 키우기는 좋지만 바로 연료를 뽑기는 어려운 여러 다른 식물에서 연료를 뽑아내는 것을 일컫는다. 3세대 바이오 연료 기술이라고 하면, 세균 같은 미생물을 키워서 연료를 뽑아내는 것을 부르는 말이다. 대체로 지금까지의 바이오 연료 기술은 1세대 바이오 연료에 집중해 온 경향이 강하다.

× 바이오 연료 기술은 지금 어디까지 발전했을까?

한국에너지공단의 2017년 신재생에너지 산업 통계에 따르면 우리나라가 바이오 연료 등을 이용해 생산한 전기 발전량은 약 7,500기가와트시로 전체 전기 발전량의 1.4퍼센트 정도다. 가장 대표적으로 에너지를 사용하는 분야에서 바이오 연료 사용이 전체의 2퍼센트에 못 미치는 셈이다. 앞으로 기술 발전에 따라 이 비율이 늘어날 여지가 있다고 볼 수 있다.

○ ○ ○

먹을 것을 넉넉하게 사고 나니 이 정도면 어딘가 야외에 나가서 판을 벌여 놓고 먹어도 좋겠다는 생각이 들었다. 바비큐 모임을 가져도 좋을 것이고 아예 하룻밤 캠핑을 가도 재미있을 것 같았다. 나는 고기를 구워 먹을 수 있도록 불을 피울 연료를 사러 갔다.

가장 먼저 눈에 보인 것은 숯이었다. 그렇지, 역시 고기 하면 숯불이지. 포장되어 있는 숯 중에 어느 것을 살까 골라 보았다. 우선 싼 제품에 눈이 갔다. 그런데 가장 저렴한 제품에 가장 멋지게 생긴 딱지가 하나 붙어 있었다.

"이게 무슨 뜻이에요?"

부지런히 물건을 정리하고 있는 로봇 점원에게 말을 걸자, 로봇은 '날씨 지키기 마크'라고 이야기해 주었다.

날씨 지키기 마크는 미래 시대가 되면서 개발되어 퍼지고 있는 기준이다. 요즘은 온실기체가 많아지는 바람에 날씨가 갑자기 험해지는 문제, 즉 기후변화가 많은 사람의 걱정거리다. 그래서 어떤 제품이 기후변화를 막아 내는 데 충분히 많은 도움이 되는 경우에는 이렇게 날씨 지키기 마크라는 것을 붙여 두어서 알려 주고 있다. 날씨 지키기 마크가 있는 제품은 대체로 인기가 많다.

내가 집어 든 숯은 바이오 연료 제품이다. 이 숯이 날씨 지키기 마크를 얻을 수 있었던 것은 바이오 연료 중에서도 잘 개발된 연료이기 때문이다.

살아 있는 생물이
만들어 내는 연료

바이오 연료란 불을 피우고 열을 내기 위해 쓰는 연료 중에서도 생물을 통해서 만들어 낸 연료를 말한다. 보통 연료라고 하면 땅속에서 캐내는 석탄이나 석유를 생각하기 마련인데, 이런 연료는 언젠가 다 캐내 버리면 더 이상 쓸 수 없게 된다. 그리고 그렇게 되어 가는 과정에서 석탄이나 석유 가격이 갑자기 너무 올라가 버리면 그만큼 연료를 사용해야 하는 사람들의 삶이 힘들어진다. 1970년대 석유 파동도 그렇거니와, 2000년대 초 무렵에도 계속해서 석유 가격이 높아지는 바람에 석유가 없는 나라의 사람들은 물가 상승으로 힘들었던 기억을 가지고 있다.

그런데 바이오 연료는 나무, 풀, 미생물, 세균 등을 이용해서 만든다. 그렇기 때문에 바닥날 걱정 없이 기르고 또 길러서 사용하면 된다. 이런 생물들은 어떤 한 나라에서만 기를 수 있는 것도 아니다. 석유는 석유가 묻혀 있는 나라에서만 뽑아낼 수 있지만, 기술만 잘 갖춰져 있다면 나무나 풀을 기르는 것은 훨씬 더 많은 나라에서도 해낼 수 있다. 연료가 부족해지는 시대를 대비하기 위해서도 좋은 일이고, 석유가 없는 나라에는 더욱 좋은 일이다.

가장 쉽게 만들고 사용하는 바이오 연료는 바로 숯이나 목재 펠릿pellet 같이 딱딱한 고체로 만들어져 있는 연료다. 따지고 보면 이런 연료는 굉장히 오랜 옛날부터 사용해 왔다. 먼 옛날 사람이 처음으로 불을 피웠을 때를 생각해 보면, 분명히 그 사람은 나무나 풀에 불을 붙여 태웠을 것이다. 그러니까 고체 형태의 바이오 연료는 석유나 석탄을 쓰기 훨씬 이전부터 쓰던 옛날 연료였는데, 석유와 석탄이 부족해지고 문제를 일으키기 시작하니까 다시 되돌아보기 시작했다고도 할 수 있겠다.

그저 나무로 불을 지피는 것이라고 해서 원시인의 모닥불쯤으로 무시해서는 안 된다. 잘만 활용하면 풀과 나무를 말려서 만든 연료도 쓰기 편하고 성능도 뛰어나다. 이미 19세기 말 김기두와 같은 조선 시대 기술자들이 옛날 증기기관을 이용한 미국의 신형 군함이 막강한 것을 보고 석탄이 아니라 나무 숯을 이용해서 움직이는 조선의 증기선을 만든 적이 있다. 연기는 적게 나고 화력은 높아지도록 나무와 풀을 잘 가공해 놓으면 쓰기가 더욱 좋다. 나무를 새끼손톱만 한 작은 알갱이 크기로 자르고 뭉쳐 놓은 것을 목재 펠릿이라고 부르는데 이것을 난로에 넣어 태우면 난방용으로 쓰기에 편리하고 그 열로 터빈을 돌리면서 전기를 만들 수도 있다.

그런데 이렇게 나무나 풀로 만든 바이오 연료를 많이 쓰려고 하면 그만큼 나무와 풀을 잘라야 한다. 무턱대고 나무를 자른다면 숲이 파괴되어 버린다. 이런 것은 고체로 된 바이오 연료의 단점이다. 식물들이 잘려 나가지 않고 그대로 자랐다면 살아가는 동안 광합성을 하면서 공기 중의 이산화탄소를 빨아들였을 것이다. 즉 나무와 풀을 잘라서 태우지 않으면 그 나무와 풀이 온실기체를 줄여서 기후변화를 막아 내는 데 도움을 준다. 그러니까 석유와 석탄이 부족하다고 해서 나무와 풀을 마구 잘라 태우면, 대신에 기후변화를 막을 기회를 그만큼 놓치게 될지도 모른다.

그렇기 때문에 미래 사람들은 아무 나무나 함부로 잘라내지 않도록 주의한다. 대신 다른 사업을 하다가 버리는 나무, 가구나 종이를 만들다가 쓰레기로 나오는 나뭇조각을 모아서 재활용한다. 사람들이 버리는 망가진 가구, 나무 접시, 나무젓가락, 야구방망이 같은 것도 좋은 재료다. 이렇게 숲을 파괴하지 않는 재료로 만든 바이오 연료만이 정말로 기후변화를 막는 데 도움이 되므로 날씨 지키기 마크를 받을 수 있다.

그 외에도 잡초로 뽑아 버리는 풀이나, 곡식을 추수하면서 생기는 지푸라기 같은 것도 바이오 연료의 재료로 활용한다. 과일 껍질이나 감자 껍질 같은 것도 쓰기 좋게 다듬으면 바이오 연료가 될 수 있다. 여기저기 흩어져 그저 썩혀 버리곤 했던 재료들을 모아서 잘게 자르거나, 갈아서 가루로 만들거나, 쓰기 편한 크기로 뭉쳐 놓는 방법으로 사람들이 쓸 수 있는 자원을 만들어 낸다. 쓰레기나 다름없었던 재료를 활용하는 이런 바이오 연료들은 가격도 싼 편이다.

조금 더 뛰어난 기술을 가진 공장에서는 석유처럼 쓸 수 있는 바이오 연료도 얼마든지 만들어 내고 있다. 석유처럼 쓸 수 있는 바이오 연료라는 것도 사실 예로부터 전통적으로 쓰던 기술에서부터 출발한다. 연료를 석유처럼 쉽게 사용하려면 재료가 고체가 아니라 물 같은 액체여야 하고, 그러면서도 불이 아주 잘 붙어야 한다. 그런데 이런 연료 역시 조선 시대, 고려 시대 또는 그 이전부터 이미 많이 만들어 내고 있었다. 참깨나 들깨에서 짠 기름은 액체이고 불이 잘 붙는다. 석유처럼 연료로 쓸 수 있다. 쌀이나 보리로 술을 담근 뒤에 독하게 걸러 내면 역시 액체면서 불이 아주 잘 붙는다. 곡식으로부터 술의 주성분인 에탄올을 만들어 내는 것은 수천 년 전부터 술을 빚은 우리나라에서 늘 해오던 일이다.

그러니 만약 우리가 음식으로 먹기 위해서 기름을 짜고 술을 담그는 것이 아니라, 연료로 난방을 하기 위해 식물로부터 기름을 짜고 에탄올을 만들어 낸다면 이것은 석유와 비슷하게 쓸 수 있는 바이오 연료가 된다.

이런 제품들은 이미 2000년대 초부터 드넓게 퍼져 있었다. 나무 땔감과 비슷한 바이오 연료와 달리 이런 석유와 비슷한 연료들은 정말로 석유 대신에 기계나 교통수단에 넣어서 쓸 수 있다. 그래서 배, 기차, 트럭, 버스 등을 움직이는 디젤 엔진diesel engine을 위해서 만든 바이오 연료를 바이오디젤biodiesel이라고 불렀다. 한편 살아 있는 생물로부터 만들어 낸 에탄올이나 다른 알코올 성분을 바이오에탄올 또는 바이오알코올이라고 불렀다. 바이오에탄올은 휘발유를 대신해서 보통 자동차를 움직이는 연료로 쓸 수 있다.

이렇게 활용하기가 좋았기 때문에, 2010년대 우리나라 정부에서는 석유를 아끼기 위해 모든 디젤 연료에는 항상 바이오디젤을 3퍼센트 정도 섞어 넣어야 한다는 규정을 시행하기도 했다. 우리나라보다 더욱 적극적으로 앞서가는 나라도 많았다. 예를 들어 브라질에서는 바이오에탄올을 만들기 좋은 사탕수수가 무척 잘 자란다. 이 때문에 브라질은 유독 바이오에탄올을 열심히 만들었다. 그래서 우리나라 자동차 회사가 에탄올만 넣어도 잘 움직이는 자동차를 만들어 브라질에 판매하기도 했다.

잡초를 휘발유로,
세균을 휘발유로, 쓰레기를 휘발유로

그렇지만 바이오디젤과 바이오에탄올 역시 널리 퍼지는 것을 방해하는 몇 가지 문제점이 있었다. 우선 석유 가격이 높을 때는 바이오디젤과 바이오에탄올의 가격이 비싸 보이지 않았지만 석유 가격이 낮아지면 바이오디젤과 바이오에탄올 가격이 높아 보이기도 했다.

바이오디젤과 바이오에탄올을 만들 때 가장 쉽게 사용하던 재료는 기름을 짜기 좋고 술을 담그기 좋은 농산물이었다. 유채꽃, 수수, 옥수수, 사탕무, 사탕수수 같은 재료가 바로 그런 것들인데 이런 농산물은 원래 사람이 먹으려고 키우던 것이기 때문에 가격이 아주 싼 것도 아니었고 저절로 자라나는 것도 아니었다. 가끔은 바이오에탄올을 만든다고 옥수수를 너무 많이 써버리면 사람이 당장 먹을 옥수수가 부족해지는 문제가 생길 거라고 걱정하는 사람도 있었다. 선진국 사람들이 커다란 자동차를 타고 다니려고 옥수수를 써 없애다 가난한 지역 사람들이 먹을 옥수수를 못 구하게 될 수도 있다는 이야기였다.

설령 바이오디젤과 바이오에탄올을 쉽게 만들 수 있어서 너도 나도 유채꽃밭을 만들고 옥수수와 사탕수수를 기른다고 하면 그것도 문제였다. 이런 농작물을 심어 농사를 지으려면 그만큼 나무를 베어 내고 땅을 개간해야 한다. 이런 일 때문에 숲을 파괴하게 되면 그만큼 이산화탄소를 못 빨아들이게 될 것이고 기후변화는 오히려 더 심각해질지도 모른다.

그래서 사람들은 다음 단계로 옥수수나 사탕무처럼 사람이 먹는 농작물 말고 아무 데서나 잘 자라나는 풀에서 바이오 연료를 만드는 방법에 도전하기 시작했다. 풀이나 나무에는 보통 섬유소 cellulose 성분이 많이 들어 있는데, 미생물 중에는 이 섬유소를 먹고 살면서 에탄올을 뿜어내는 것들이 있다. 원래는 에탄올을 만들기 위해 곡식이나 과일로 술을 담그곤 했는데, 이제는 잡초로 술을 담그는 기술을 개발했다고 할 수도 있겠다. 갈대에서 에탄올을 만드는 기술을 개발하기도 했다. 2010년대에 우리나라 연구진들이 억새에서 에탄올을 만드는 기술에 도전하기도 했다.

그래서 이렇게 섬유소를 이용해서 쓰기 좋은 연료를 만드는 기술을 2세대 바이오 연료 기술이라고 불렀다. 그전까지는 아예 연료로 활용할 수 있을 거라고는 생각하기 어려웠던 생물에서 연료를 만드는 기술이 개발되기도 했다. 예를 들어 바다에서 막대한 양으로 빠르게 자라는 식물성 미생물인 조류 algae 로부터 에탄올을 만들어 내거나, 남세균 cyanobacteria 같이 물에서 사는 세균을 어마어마하게 길러서 에탄올을 뽑아낸다는 생각에 도전한 사람도 있었다. 이렇게 당분을 만드는 미생물이면 무엇이든 이용해서 바이오 연료를 만들겠다는 방식을 3세대 바이오 연료 기술이라고 부른다.

여름철 연못이나 강물 위를 뒤덮곤 하는 녹조 현상의 원인이 바로 남세균이다. 남세균은 잘만 하면 별로 애쓰지 않아도 금방 어마어마한 양으로 자라나기 마련이다. 그런 남세균을 이용해 연료를 만들 수 있다면 무척 좋을 거라고 생각한 사람이 있었다는 이야기다.

2세대와 3세대 바이오 연료 기술은 2020년대가 찾아올 때까지만 해도 싼값에 쉽게 만들기 어려웠다. 수천 년 전부터 곡식과 과일로 술을 담그던 익숙한 방식에 비하면 잡초나 세균으로부터 에탄올을 만드는 방식은 복잡하기도 했고, 그래서 생각보다 에탄올이 잘 안 만들어지는 경우도 있었다. 물속에서 자라는 조류와 남세균에서 어떻게 필요한 성분만 쉽게 뽑아내느냐 하는 문제도 골치거리였다. 복잡한 공장 설비가 자주 고장을 일으키는 바람에 싼값에 많은 연료를 만들어 내기가 어려운 경우까지 있었다.

그렇지만 시대가 발전하면서 기술자들은 이런 문제를 해결하는 방법들을 개발해 나가고 있다. 더 튼튼하고 정밀한 재료를 사용해서 잘 돌아가는 공장을 만들기도 하고, 고장이 잘 나지 않도록 컴퓨터가 공장을 운영하는 방법을 개발하기도 한다. 한편으로 유전자 편집 기술로 아예 미생물 자체를 개조해서 잘 자라면서도 에탄올은 쉽게 만들어 내도록 바꾸기도 한다. 여러 방법 덕택에 미래 시대에는 잡초를 발효시키고 세균을 키워서 만든 바이오 연료가 석유를 대신하며 널리 사용되고 있다.

나는 캠핑에서 사용할 연료를 찾다가 또 다른 바이오 연료 제품을 발견했다. 깡통에 든 가스 형태의 연료였다. 깡통을 휴대용 가스렌지에 끼우면 야외에서도 간편하게 요리를 할 수 있다. 비슷한 다른 제품도 옆에 많이 쌓여 있었지만, 나는 그중에서도 '썩연료'라는 제품에 눈이 갔다.

이 제품을 썩연료라고 부르는 것은 재료가 썩은 쓰레기, 음식물, 폐수에서 뽑아낸 메테인methane이기 때문이다. 흔히 메탄가스라고도 부르는 메테인은 사실 가정에서 난방을 위해 사용하는 도시가스의 주성분이기도 하다. 도시가스는 원래는 석유를 캐낼 때 그 근처에서 같이 나오는 기체로 만든 것인데, 우리나라에서는 겨울철을 나기 위해 난방을 하는 데에도, 전기를 만드는 데에도 많이 쓰였으며, 천연가스 버스라는 이름으로 자동차를 움직이는 데에도 쓰였다. 그렇기 때문에 굉장히 많은 양을 수입해서 사용하는 귀중한 자원이기도 하다.

그런데 미생물 중에는 썩어 가는 쓰레기나 더러운 물을 먹고 대신 메테인을 뿜어내는 것들이 있다. 사람이 음식을 먹고 트림을 하면 그 속에 메테인이 조금 섞여 나오는데, 그것도 사람 배 속에 사는 미생물이 음식물을 갉아 먹고 메테인을 내뿜기 때문이다.

이 제품을 썩연료라고 부르는 것은
재료가 썩은 쓰레기, 음식물, 폐수에서
뽑아낸 메테인이기 때문이다

그러니 어마어마한 양의 쓰레기를 묻어 두는 매립지라든가 더러운 물을 처리하는 하수처리장, 물재생센터에서는 그곳에서 사는 미생물들이 메테인을 많이 뿜어내게 된다. 그러므로 그 메테인만 잘 골라 모을 수 있다면 마치 도시가스처럼 유용한 연료로 활용할 수 있다.

이렇게 무엇인가가 썩어 가는 곳에서 메테인을 뽑아내는 기술은 사실 제법 오래된 기술이다. 2000년대부터 이미 전국 각지의 쓰레기장과 하수처리장에서 메테인을 모아서 사용하는 장비들이 설치되어 있었다. 2004년에 울산에서는 하수처리장에서 나오는 메테인을 가스가 필요한 이웃 회사에 연간 8,000만 원씩 판매하는 계약을 채결한 적도 있다. 수억 원, 수십억 원어치의 메테인을 모아서 활용하는 폐기물처리장도 꾸준히 늘어났다.

미래 시대로 가면서, 이렇게 거대한 하수처리장이나 쓰레기 매립지뿐만 아니라 농장이나 마을 같은 작은 규모에서도 메테인을 뽑아 쓸 수 있는 시설이 생겨났다. 더 작고 간단하고 튼튼한 장치를 개발해서 썩어 가는 것이 있는 곳이라면 어디든 허투루 메테인이 낭비되지 않도록 꼼꼼히 모아서 사용한다. 게다가 메테인을 저장하고 운반하고 활용하는 기술도 같이 개발되면서 모아 놓은 메테인이 더 잘 활용된다. 2010년대 말만 하더라도 더러운 물에서 메테인을 뽑아 놓고도 쓸 곳이 없어서 그냥 버리는 경우가 자주 있었다. 이제는 그런 낭비 없이 메테인을 잘 모아서 유용하게 사용한다.

쓰레기가 찾아 준
중동 평화

한때, 저렴하게 전기를 만드는 기술이 많이 개발되면서, 이제 석유
는 가치가 없어질 것이라고 생각한 적도 있었다. 휘발유 자동차나
디젤 기차 대신 전기 자동차나 전철을 타고 다닌다면 전기를 쓰는
것으로 충분하다고 생각했기 때문이다.

그러나 그런 변화가 쉽게 일어나지는 않았다. 전기로 대체할
수 없는 연료도 꽤 많았기 때문이다. 전기는 오래 보관하기가 좋지
않고 한군데에 많이 저장하기도 번거롭다. 게다가 불꽃이 타오르
는 진짜 불을 만들 수도 없다. 그러므로 전선이 연결되지 않은 곳에
서 큰 에너지를 한꺼번에 많이, 오래 사용하려면 어쩔 수 없이 불
에 타는 연료가 필요했다.

그러니까 자동차를 전기로 움직이는 것은 어렵지 않지만, 막대
한 화물을 싣고 먼바다를 건너야 하는 커다란 배들은 전기로 움직
이기 쉽지 않다는 이야기다. 하늘을 날아다니는 커다란 여객기를
전기로 띄우기란 더욱 어렵다. 우주로 날아가는 로켓을 지구에서
전기로 쏘아 올린다는 것은 더더욱 어려운 문제다.

그렇기 때문에 작은 무게에 에너지를 많이 품고 있는 연료, 즉
에너지 밀도energy density가 높은 연료가 꾸준히 필요했다. 따라서 사
람들은 석유를 포기할 수가 없었다. 비행기와 배를 띄워 세계를 연
결하고 추운 겨울에도 따뜻하게 집을 덥히려면 전기만으로는 부

족했다. 전기를 전기로 바로 사용하지 않고 굳이 전기를 이용해서 물이나 공기를 수소나 암모니아로 만든 다음에 연료로 사용하자는 생각이 인기를 끈 것도 바로 그 때문이었다.

미래 시대에는 바이오 연료가 그 빈자리를 메우고 있다. 이제는 황무지에서 자라나는 잡초나 바다에서 키우는 세균으로부터 바이오 연료를 뽑아내고 있다. 과거에 석유가 묻혀 있지 않은 나라는 다른 나라에 에너지 자원을 수출하기 쉽지 않았지만, 이제는 그런 나라들이 오히려 쓰레기에서 메테인을 뽑아내는 공장 설비와 기계를 세계 각지에 수출하고 있다. 그렇다 보니, 이제 다들 석유를 구하려 목숨을 걸고 다투는 일도 줄었다. 여러 나라 간 다툼이 끊이지 않았던 중동 지역에도 미래 시대가 되면서 평화가 찾아오고 있다. 이것도 따지고 보면 바이오 연료로 모두가 석유를 탐내는 일이 줄어든 덕택이다.

배와 비행기가 바이오 연료로 움직이는 시대가 오고 있다. 2000년대 후반에 벌써 우리나라의 작은 회사가 메테인으로 가동되는 로켓 엔진의 시험 장면을 보여 준 적도 있었으니, 곧 썩어 가는 쓰레기에서 뽑아낸 연료로 우주여행을 할 수 있는 세상이 올지도 모른다.

하늘을 나는 무인 택시
자율주행차

쇼핑을 시작하기 전에

× 자율주행차

사람이 운전하는 일을 컴퓨터와 자동 조종 장치가 대신하는 자동차를 말한다. 우리나라의 국토교통부에서는 컴퓨터가 사람이 하는 일을 얼마나 많이 대신해 줄 수 있느냐에 따라 레벨0에서 레벨5까지로 자율주행차autonomous car 기술을 구분하고 있는데, 레벨1은 간단한 몇 가지 운전을 도와줄 수 있는 수준이고, 레벨5는 모든 상황에서 사람 대신 기계가 자동으로 운전을 하는 수준이다.

× 레이더와 라이다

레이더RADAR는 전파를 보낸 뒤에 그것이 어떻게 반사되는지를 감지해 주위에 어떤 물체가 있는지를 알아내는 장치다. 과거에는 비행기나 배에서 먼 곳을 감시하기 위한 용도로 주로 사용되었다. 라이다LIDAR는 레이더와 비슷한 장치인데 전파 대신에 사람의 눈에 보이는 빛이나 그와 비슷한 빛을 이용한다. 자율주행차는 컴퓨터가 주변 상황을 감지해서 안전하게 운전하기 위해 레이더와 라이더 장치를 달고 있는 경우가 많다.

× 자율주행 기술은 지금 어디까지 발전했을까?

2018년 12월 미국의 한 기술 회사는 피닉스라는 도시에서 처음으로 운전기사 대신 컴퓨터가 운전하는 택시를 영업하기 시작했다. 다만 400명 정도의 정해 둔 고객만 택시를 이용할 수 있으며, 컴퓨터가 운전을 도맡아 하기는 하지만 컴퓨터가 제대로 작동할 수 없는 만약의 상황을 대비해서 회사 직원도 차에 같이 탄 채로 운행한다.

○ ○ ○

야외로 소풍을 간다는 생각을 하고 나니, 어디가 좋을지 고민도 되었다. 자동차도 없고 운전면허도 없지만 그래도 갈 수 있는 곳은 많다. 미래 시대로 갈수록 대중교통이 점점 더 편해졌고 대중교통이 없는 곳이라도 무인 택시를 타면 되기 때문이다.

무인 택시는 사람 없이 컴퓨터가 운전하는 자동차다. 무인 택시에 타면 비상 조작 버튼 외에는 운적석도 없고 운전대도 없다. 마치 전철에 탄 것처럼 혼자서 움직인다. 인터넷으로 어디에 갈 것인지 예약만 해놓으면, 사람 없이 스스로 승객을 태우러 찾아오고 정해 놓은 목적지로 바래다준다.

내가 타려는 무인 택시는 아무 데나 갈 수 있는 택시는 아니다. 교통이 혼란스럽지 않은 한적한 지역에서 비교적 느린 속도로만 움직인다. 그래야 컴퓨터가 운전해도 아무 위험 없이 가뿐하게 움직일 수 있기 때문이다. 그래도 이 정도면 소풍을 가기에는 충분할 듯싶다. 전철이 도착하는 시간에 맞춰서 나를 태우러 와달라 부탁하면, 교외에 있는 전철역에 무인 택시가 마중 나와 기다리고 있을 것이다. 차를 타면 그때부터 나를 태우고 스스로 움직여 산중의 캠핑장까지 데려다준다.

나는 자동차 관련 제품 매장에 갔다. 내가 타려고 생각하고 있는 무인 택시 한 대가 통째로 전시되어 있었다. 나는 택시가 얼마나 큰지, 짐은 얼마나 실을 수 있는지 확인해 보았다. 이 정도면 충분해 보인다.

무인 택시에 달려 있는 컴퓨터로 찾아보니, 놀러 갈 캠핑장 근처 전철역은 무인 택시들이 쉽게 올 수 있는 장소라고 나온다. 무인 택시들은 사람들이 살지 않는 널따란 공터의 주차장에 수백 대가 모여 있다가 언제, 어디로 예약이 들어오는지 보고 시간에 맞춰서 각각 곳곳으로 퍼져 나가 승객을 기다린다. 아마 내가 지금 무인 택시를 예약하면, 내일 아침 일찍 무인 택시는 주차장에서 출발해서 나를 태우러 올 것이다.

레이더 달린 자동차 운전대를
컴퓨터가 잡으면

무인 택시가 전시되어 있는 곳 옆에는 여러 가지 자동차 용품이 같이 있었다. 나는 온 김에 눈에 뜨이는 물건 몇 가지를 구경해 보고 가기로 했다.

가장 먼저 눈에 들어온 것은 자동차용 레이더였다. 원래 20세기 초에 레이더라는 기계가 처음 개발되었을 때는 전쟁터에서 적의 비행기나 군함이 어디에서 다가오고 있는지 감시하기 위한 목적이었다. 그렇지만 요즘 사용되고 있는 자동차용 레이더는 적의 비행기 대신 주변에 다른 자동차나 사람이 어느 방향에 얼마나 가까이 있는지를 감지한다. 만약 너무 가까이에서 자동차나 사람이 다가오고 있다면 사고를 막기 위해 컴퓨터가 브레이크를 밟거나 운전대를 조작해 피한다.

자율주행차란 사람이 항상 살펴보지 않아도 스스로 운전하며 움직이는 자동차를 말한다. 예전에는 사람 대신 컴퓨터가 운전을 한다면 인건비가 들지 않을 테니 택시나 트럭을 훨씬 싼값에 이용할 거고, 운전한다고 신경 쓸 필요가 없으니 자동차 안에서 푹 잘 수 있을 거라는 점을 생각하는 사람이 많았다. 그렇지만 실제로 자율주행차가 큰 성공을 거둔 것은 자율주행 기술이 있는 자동차가 사람 혼자서 운전하는 자동차보다 훨씬 안전했기 때문이다.

사람은 눈이 2개밖에 없어서 한 방향만 볼 수 있다. 게다가 오랫동안 운전을 하거나 너무 피곤하면 주의력이 흐트러진다. 그럴 때 잠깐 무엇인가 착각을 해 사고를 낼 수 있다. 그렇지 않더라도 비가 많이 오는 날이나 깊은 밤처럼 어두울 때는 앞을 잘 볼 수가 없으니 아무래도 운전을 더 못하게 된다. 갑작스럽게 무엇인가가 눈앞을 가리거나 앞에 번쩍이는 것이 있어도 실수가 생긴다. 설령 날씨가 좋은 낮이라고 하더라도 사람의 시력에는 한계가 있으니 자세히 볼 수 있는 거리는 기껏해야 100미터 정도다.

그렇지만 레이더를 달고 있는 컴퓨터는 사람보다 훨씬 더 멀리까지 감지한다. 항상 앞뒤 양옆 사방을 동시에 감지하면서 움직인다. 사람 눈은 2개지만 레이더는 여러 개를 여러 방향에 붙여 두고 움직일 수 있다. 2010년대에 개발된 자율주행 장치는 보통 레이더를 4개에서 6개 정도 자동차에 붙여 놓곤 했다. 이런 레이더들은 사람이 잘 보지 못하는 곳에서 갑자기 자동차나 사람이 튀어나와 부딪힐 것 같은 상황을 사람보다 먼저 감지한다. 동작 속도가 빠른 컴퓨터는 사람보다 빠르게 자동차를 움직여 사고를 피한다.

그러니 사람들은 자동차에 레이더를 하나쯤 더 달아 볼까 하는 생각으로 제품을 살펴보고 있다. 예전에는 자동차에 레이더를 다는 것이 어려운 기술이었고, 자동차마다 각각 다른 전용 레이더를 사용해야만 했다. 그렇지만, 미래 시대가 될수록 표준형 레이더가 나오고 있고 자율주행 방식도 표준을 맞춰 가고 있다. 이제는 간편하게 레이더를 사서 달기만 하면 자동차에 장치된 컴퓨터가 저절로 새로 달린 레이더를 인식한다.

레이더뿐만 아니라 라이다라고 하는 더 좋은 장치에 관심을 보이는 사람도 있다. 예전부터 많이 쓰이던 레이더는 무선 통신에 사용하는 전파를 쏘아 보내고 측정하면서 주위를 감지한다. 그런데 라이다는 뱅글뱅글 돌아가면서 사방에 레이저를 쏘아 보내고 측정해서 주위를 감지하는 기계다. 레이더보다 비싸고 크기도 크지만 대신 더 선명하고 정확하게 주위 물체의 모양을 감지할 수 있다. 레이더는 무슨 물체가 어느 정도 거리에 있느냐 없느냐 정도를 감지하는 기능에 초점을 맞춘다. 하지만 라이다는 어떻게 생긴 물체가 어떤 모습으로 어느 정도 거리에 있는지를 사람 눈으로 보는 것 이상으로 정확하게 인식할 수 있다.

요즘 성능 좋은 자율주행차는 레이더, 라이다에 일반 카메라로 촬영하는 영상까지 동시에 컴퓨터로 받아들인다. 그래서 사방에서 온갖 장치로 감지한 주변 상황을 동시에 활용해 판단한다. 한층 발

자율주행차가 큰 성공을 거둔 것은
사람 혼자서 운전하는 자동차보다
훨씬 안전했기 때문이다

진한 인공지능과 컴퓨터 기술은 이런 많은 정보를 빠르게 분석해서 더 안전한 판단을 내릴 수 있는 성능을 갖고 있다. 이런 이유로 한동안 꿈속의 기술로 여겨졌던, 사람이 운전하지 않아도 움직이는 자동차가 지금 널리 퍼져 나가고 있다.

최근에는 옛날 중고차에 자율주행 기능을 다는 개조 사업이 유행이다. 교통사고를 예방하기 위해, 최소한의 자율주행 기능은 의무로 달아야 한다는 법이 시행되고 있기 때문에, 더 많은 사람이 옛날 차를 자율주행차로 개조하고 있다.

"이 차를 자율주행차로 개조하려면 얼마가 들까요?"

마침 손님 한 명이 자율주행차 부품에 대해 상담 점원에게 묻고 있었다.

"몇 단계 수준의 자율주행차로 개조하냐에 따라 달라집니다."

점원은 2020년 1월에 발표된 국토교통부의 규칙안에 대해 설명해 주었다. 이때 국토교통부에서 발표한 기준에서는 자율주행차 수준을 0~5레벨로 구분하고 있었다.

레벨1은 운전대나 브레이크, 둘 중 하나만 컴퓨터가 조작하는 것을 도와준다. 자동차를 주차하려고 할 때 방향이 잘못되어 차가 긁힐 것 같으면 컴퓨터가 차를 멈추어 주거나, 앞에 물체가 있는데도 무심코 가속 페달을 밟으려고 하면 컴퓨터가 차를 움직이지 않게 잡아 주는 기능 등을 말한다. 혹은 고속도로에서 시속 90킬로미터로 달리고 싶다고 정해 놓으면 90킬로미터보다 느려지려고 할 때 저절로 속도를 높이고, 90킬로미터보다 빨라지려고 할 때 저절로 속도를 낮추는 기능도 여기에 속한다. 사실 레벨1 수준에 속하는 제품은 2000년대 이전에도 실용화되어 자주 나오고 있었다.

레벨2는 운전대와 브레이크 둘을 동시에 조작하는 것을 컴퓨터가 도와준다. 레벨2 정도만 되어도 잘만 만들면 쓸 만한 곳이 매우 많다. 차선을 바꾸거나 길을 따라 굽이굽이 계속 운전을 해야 할 때 컴퓨터가 사람의 운전을 도와서 사고가 일어나는 것을 막는다. 사람이 보지 못하는 곳에서 갑자기 사람이나 자동차가 튀어나올 때, 컴퓨터가 먼저 조치를 취하게 할 수 있다.

이런 레벨1과 레벨2를 운전자 지원 기능이 탑재된 차량이라고들 한다. 한편 국토교통부 규칙안에서는 그것보다 수준이 높은 레벨3부터 자율주행차로 분류한다. 레벨3을 부분 자율주행, 레벨4를 조건부 완전 자율주행, 레벨5를 완전 자율주행이라고 부르고 있다.

레벨3인 부분 자율주행은 사람이 도와주지 않아도 컴퓨터가 알아서 운전할 수 있는 수준을 말한다. 다만 가끔 컴퓨터가 운전할 수 없는 상황이 올 수도 있다고 가정하기 때문에 사람이 운전석에 앉아서 컴퓨터의 운전을 돕기 위해 대기하고 있어야 한다. 2020년만 해도 최신 자율주행차의 수준은 대부분 레벨3에 도전하는 정도였다. 2020년의 자율주행차는 대체로 레벨2와 레벨3 사이라고 말하는 것이 좋을지도 모르겠다.

레벨4인 조건부 완전 자율주행은 사람이 운전하지 않는 것을 기본으로 한다. 그래서 레벨4 자율주행차부터는 아예 운전대가 달려 있지 않은 경우도 있다. 레벨4 자율주행차를 탄 사람은 운전에는 신경 쓰지 않고 그냥 쿨쿨 자도 된다. 내가 타려는 무인 택시도 레벨4 조건부 완전 자율주행에 속한다.

'조건부'라는 말이 들어가 있는 것은, 컴퓨터가 모든 운전을 다 하지만 그렇다고 해서 사람이 할 수 있는 운전을 모두 할 수 있는 것은 아니기 때문이다. 레벨4 자율주행차는 대개 어떤 지역이나 조건에 맞는 한계 안에서만 움직인다. 예를 들어서 잘 보이지 않는 밤이나 비가 와서 위험한 날은 움직이지 못한다거나, 한 번도 가보지 않은 동네는 못 다닌다거나, 너무 복잡한 도시 지역은 움직일 수 없다는 식의 한계가 있다. 무인 택시는 한적한 교외 지역에서만 느린 속도로 움직일 수 있으므로 레벨4인 조건부 완전 자율주행에 속한다. 2020년쯤에 미국과 일부 지역에서는 차가 많이 다니지 않고 길이 널찍한 지역 위주로 운전기사 없는 택시를 실제로 운행한 적이 있었다. 그런 택시도 레벨4 자율주행차에 가까웠다고 할 만하다.

그에 비해 레벨5 완전 자율주행은 제약이 없다. 레벨5 완전 자율주행은 사람이 운전해서 다닐 수 있는 곳이면 어디든 사람의 도움 없이 자동차 혼자서 다닐 수 있다.

미래 시대에도 레벨5 자율주행차는 어려운 고성능 첨단 기술에 속한다. 그렇지만 레벨2인 운전자 지원 기능의 자율주행 기술만 충분히 개발되어 있어도, 사람들의 삶은 훨씬 좋아진다. 그렇기 때문에 미래 시대에 안전을 위해서 모든 자동차에 다 설치되도록 의무화되어 있는 것도 바로 레벨2 수준의 자율주행 기술이다.

미래의 도로는
더 안전한 도로

2019년 우리나라에서 숨진 교통사고 사망자는 3,349명이었다. 컴퓨터가 더 안전하게 자동차를 움직이도록 개조하는 장치를 저렴한 값에 달 수 있었다면, 이런 사고 중 다수는 피할 수 있었을 것이다. 즉 난데없는 사고를 당한 3,000명이 넘는 생명을 구할 수 있었을지도 모른다. 깊은 밤에 잘 보이지 않는 길을 지나는 행인과 부딪히려고 할 때, 자동차에 달린 레이더가 행인을 먼저 감지하고 자동차를 세울 수 있었을 것이다. 세찬 비가 내려서 옆이 잘 보이지 않을 때, 항상 옆쪽을 보고 있는 라이다가 다가오는 자동차를 감지하고 피할 수 있었을 것이다. 녹색등에서 황색등으로 바뀔 때, 무심코 출발하려는 운전자 대신 신호등을 보고 있던 카메라가 황색등을 감지하고 자동차를 멈출 수 있었을 것이다.

녹색 어머니회라는 단체는 학교 주변에서 어린이들이 안전하게 다닐 수 있도록 자동차로부터 아이들을 보호하는 역할을 긴 시간 맡아 왔다. 그런데 미래 시대에는 자율주행 기술 덕분에 자동차가 훨씬 안전하게 움직이고 있다. 학교 주변에서는 컴퓨터가 저절로 차를 느린 속도로 움직인다. 멀리서부터 어린이의 움직임을 감지하고 예측하면서 피해 간다. 그러니 자동차 속에 달린 컴퓨터와 자동차 곁에 달린 레이더, 카메라가 녹색 어머니회의 회원 역할을 하고 있는 셈이다.

자율주행 기술은 더 많은 사람에게 기회를 주기도 했다. 운전하는 것이 힘들거나 위험할 수밖에 없는 노인, 장애인 들이 자동차를 타고 좀 더 자유롭게 원하는 곳에 갈 수 있도록 활약하고 있다. 교통이 불편한 시골에서도 자율주행차는 톡톡히 제 몫을 하고 있다. 마을마다 한 대씩 갖춰져 있어 편리하게 다닐 수 있다.

자율주행 기술 덕분에 커다란 자동차를 운전하는 것도 훨씬 쉬워졌다. 그렇기 때문에, 버스가 부족했던 곳에는 버스를 늘려서 더 많은 사람이 버스를 타고 다니게 했다. 충분히 안전해 보이는 곳에서는 무인 택시처럼 아예 기사가 없어도 혼자서 움직이는 무인 버스를 운영하기도 한다. 경우에 따라서는 전철을 건설하듯이 무인 버스가 다닐 수 있는 길을 정해 두고, 그곳에서만 무인 버스를 운영하는 곳도 있다. 덕분에 사람들은 더 편리하게 버스를 타고 있고, 더 많은 사람이 대중교통을 이용하게 된 지역도 생기고 있다.

특히 무인 버스나 무인 택시는 컴퓨터 프로그램에 자료만 넣어주면 한 번도 가보지 않았던 길이라도 얼마든지 익숙하게 다닐 수 있다는 큰 장점을 갖고 있다. 그 때문에 출퇴근 시간에 사람들이 많이 몰리는 곳에는 무인 버스를 많이 보내서 편안하고 쉽게 버스를 탈 수 있게 하고, 낮 시간에는 사람들이 많이 타는 곳으로 버스를 보내기도 한다. 사람들이 주로 어디에서부터 어디까지 어떤 노선으로 가고 있느냐를 항상 컴퓨터로 파악하고 분석해서, 매일같이 더 편리한 노선을 개발하고 권유하기도 한다. 그 덕택에 집 앞에서 버스를 타기만 하면 학교 앞, 회사 앞까지 한 번에 편안하게 갈 수 있는 노선이 계속 생겨나고 있다. 그러니 편하게 대중교통을 이용하는 사람이 점점 많아진다.

자율주행 기술은 더 큰 가능성도 품고 있다. 그저 인공지능 기술이나 자동차 조립 기술의 발전만으로 이루어진 것이 아니기 때문이다. 자율주행차가 성공하는 과정에서는 많은 다른 기술이 같이 발전할 수밖에 없다.

예를 들어 자율주행차에 부착하는 레이더나 라이다를 만들기 위해서는 작은 크기의 장치로 정밀하게 전파를 주고받고 레이저를 발사하며 감지하는 전자공학 기술과 반도체 기술이 같이 발전해야 한다.

또한 이런 레이더, 라이다를 자동차에 장치해 두려면 기계를 보호하는 덮개가 있어야 하는데, 이 덮개가 야외에서 세찬 비바람과 덥고 추운 날씨를 견디려면 매우 튼튼해야 한다. 그렇다고 덮개를 무턱대고 두터운 쇳덩이로 만들 수는 없다. 레이더가 작동하려면 덮개 속에서도 전파를 잘 감지해야 하고, 라이다가 작동하려면 레이저를 잘 감지해야 하기 때문이다. 그래서 덮개는 그저 튼튼한 덩어리가 아니라 튼튼하면서도 전파나 레이저를 잘 통과시키는 재질이어야 한다. 이런 재료를 만들기 위해서는 훌륭한 재료공학 기술과 화학 기술이 필요하다.

사고가 일어날 것 같은 급박한 상황에서 자동차가 어디로 미끄러지는지, 무엇과 부딪히는지 알아내는 장치를 만들려면 가속도와 힘, 기울기와 방향을 감지해야 한다. 복잡한 자동차에서 어느 부분이 고장 날 것 같은지, 어느 부분에 이상이 있는지 스스로 진단하려면 온도와 진동을 감지하고 판단해야 한다. 이런 장치들을 만들기 위해서는 물리학에 관련된 기술도 다양하게 필요하다. 하물며 자동차가 가야 할 방향을 알기 위해서는 지도를 만드는 기술이 있어야 하고, GPS로 자동차의 위치를 알아내는 기술을 개선하려면 우주에 떠 있는 인공위성과 통신하는 문제에 대해서도 연구가 이루어져야 한다.

이런 여러 가지 기술이 자동차라는 커다란 산업이 커나가는 방향에 따라 같이 성장할 힘을 얻고 있다. 그렇게 해서 다양한 분야의 기술자와 회사가 각자의 영역에서 안전하고 편안한 자동차 세상을 만드는 데 역할을 다하고 있다.

자동차가 하늘을
날 수도 있을까?

다양한 기술이 동시에 발전한 결실 덕택에 요즘에는 하늘을 날아다니는 자동차를 운전하는 사람도 점차 늘고 있다.

가볍고 튼튼한 재료로 몸체를 만들고 성능이 뛰어나면서도 작은 엔진을 만들 수 있게 되자, 자동차가 무게를 쉽게 극복하고 하늘로 날아갈 수 있는 시대가 오고 있다. 그러니 이제는 자동차처럼 작은 크기에 먼 곳까지 날아갈 수 있는 장치를 만드는 것이 가능해지고 있다. 헬리콥터처럼 생겼지만 운전 기능도 있어서 도시에서는 자동차처럼 운전하고 헬리콥터 이륙장에 가면 헬리콥터처럼 비행할 수 있는 기계의 숫자가 늘어나고 있다. 그 외에도 날개를 접어 두고 다니다가 비행을 할 때만 날개를 펼치는 자동차처럼 여러 가지 방식으로 하늘을 날아다니는 자동차가 속속 등장하고 있다.

인공지능 컴퓨터가 안전하게 조종할 수 있게 도와주는 기술은 여기에서도 무척 중요하다. 아무래도 하늘을 날아다니는 일은 조금은 더 위험하기 마련이다. 그렇지만 자율주행차가 교통사고를 줄이는 데 큰 역할을 했던 것처럼, 하늘을 나는 일도 쉽고 안전하게 될 수 있도록 인공지능 컴퓨터가 돕고 있다. 따라서 이제는 마음만 먹으면 조종을 배워서 자동차를 공중으로 띄워 보는 것도 그다지 어렵지 않은 일이 되어 가는 중이다.

그러니 하늘을 날 수 있는 자동차를 사서 타고 다니다가 급한 일이 있으면 날아올라서 먼 곳에 다녀온다는 이야기를 점점 더 자주 들을 수 있다. 이런 자동차는 예전의 비행기보다 작고 안전하기 때문에 커다란 공항뿐만 아니라 작은 이착륙장에서도 자주 날아다니고 있다. 그렇다 보니 도시의 빌딩 옥상 같은 곳에서 날아오르는 공중 택시도 점차 늘어나고 있다. 버스만 한 크기로 하늘을 날아다니는 헬리콥터나 소형 비행기가 늘어나면서, 곳곳에 이착륙장이 많아지고 있다. 이제는 복잡한 절차를 거쳐서 타는 거대한 비행기가 아니라, 간편하게 버스처럼 탈 수 있는 비행기, 그야말로 하늘을 날아다니는 버스 역할을 하는 탈것도 자리 잡아 가는 추세다.

한편으로는 주말이면 자동차를 타고 넓은 바닷가처럼 자유 비행이 허용된 구역에 가서 상쾌하게 하늘을 한 바퀴 돌고 오는 것을 취미로 즐기는 사람도 늘고 있다. 그런 만큼, 취미 생활을 위한 여러 가지 비행 장비나 낙하산이 상점에서 더 많이 팔려 나가는 추세다.

예전에는 갑자기 사고를 당한 사람이나 위급한 병에 걸린 사람을 위해 헬리콥터를 타고 구조대가 출동하는 일이 힘든 편이었다. 헬리콥터를 사두고 운영하는 데도 비용이 많이 들었고 조종사를 데려와 조종하게 하는 것도 만만치 않은 일이었다. 그러나 미래로 갈수록 소방서마다, 병원마다 하늘을 날아다니는 자동차를 한 대씩은 갖추고 있다. 자율주행 기술의 도움으로 소방관과 간호사가 하늘을 날아서 위험에 처한 사람을 구하러 가는 일도 드물지 않게 되고 있다. 외딴섬이나 깊은 산속에서 사고를 당한 사람이 있더라도, 이제는 근처 각 지역에서 모여든 자동차가 교통체증을 피해, 험한 산과 바다 위로 단숨에 날아가서 구해 줄 수 있다.

그러니 이제는 자동차가 땅 위에서 어린이를 보호하는 녹색 어머니회 회원일 뿐 아니라, 모두를 구하는 하늘의 녹색 어머니회 역할을 하고 있다고 할 수도 있겠다.

초등학생용 해킹 키보드
5G 활용 미래 교육

쇼핑을 시작하기 전에

× IT 보안

컴퓨터, 통신망, 저장 장치에 있는 정보를 누군가 살펴보지 못하게 방해하거나 몰래 엿볼 때 이를 방어하는 일이다. 해킹이라고 하면 쉽게 떠올리는, 통신망의 작동을 방해해서 내 정보를 누가 바꿔 놓는 일을 방지하는 것은 당연히 중요하며, 내 정보를 내가 편하게 볼 수 없도록 하는 공격에 대비하는 것 역시 보안에서 중요한 문제다.

× 인구 절벽

한 사회의 인구가 급격히 줄어드는 현상을 말한다. 특히 젊은 층의 인구가 갑작스럽게 줄어드는 경우를 지적하는 경우가 많다. 이런 일이 발생하면 경제를 유지하고 발전시키는 데 큰 몫을 담당하는 젊은 층이 부족해진다. 즉 사회에 일할 사람이 없어지며, 물건을 사용하고 구매할 사람, 서비스를 쓰려고 하는 사람이 없어질 가능성이 높아진다.

× 인구 절벽은 지금 어디까지 다가왔을까?

1960년 우리나라의 합계출산율은 6명 정도였다. 합계출산율은 아기를 낳을 수 있는 사람이 평생 출산하는 아기가 평균 몇 명인지를 말한다. 이는 세계적으로 높은 수치다. 이때만 해도 인구가 빠르게 많아질 가능성이 높았다. 그런데 유엔인구기금에서 2020년 6월 30일 공개한 <2020년 세계인구현황보고서>에 따르면, 우리나라의 합계출산율이 1.1명으로 변했다. 조사 대상인 198개 국가 중에서 가장 낮은 순위인 198위를 차지했다. 그렇다면 장래에 우리나라의 젊은 인구는 세계에서 가장 빠르게 줄 수도 있다.

○○○

장난감 매장 옆을 지나자 학용품 매장이 있었다. 색칠할 수 있는 펜과 스케치북이 놓여 있는 곳은 수십 년 전의 모습과 그다지 달라지지 않았다. 한쪽에는 조금 학년이 높은 학생을 위해 차분한 디자인의 공책이 쌓여 있었다. 그런가 하면 다른 한쪽에는 온갖 귀여운 동물과 만화 주인공이 알록달록하게 그려진 필기구도 진열되어 있었다.

그런데 과거에는 보지 못했던 제품도 같이 진열되어 있는 것이 눈에 뜨였다. 어린이 학습용 해킹 키보드라는 조금 생소한 제품이 연필 바로 옆에 놓여 있었다.

그 모습은 보통의 컴퓨터 키보드와 비슷하지만, 키보드의 눌리는 감촉이 조금 달랐다. 보통 키보드에서는 잘 쓰지 않을 법한 알 수 없는 키도 몇 가지 붙어 있었다.

해킹 키보드라는 제품은 얼마 전까지만 해도 주로 전자제품을 파는 곳이나 컴퓨터 매장에서 가끔 보이던 것이다. 그렇지만 요즘은 어린이용과 청소년용 해킹 키보드가 나왔고, 학용품 매장에서 이런 물건이 더 많이 팔린다. 학생들은 학습용 해킹 키보드를 사서 컴퓨터를 해킹하는 방법을 공부한다. 컴퓨터 프로그램과 통신 방식의 허점을 이용해서 다른 사람의 컴퓨터에 침입할 수 있는 방법이 있는지 찾아보는 법을 배운다. 요즘은 학교에서 해킹을 중요한 과목으로 배우고 있기 때문이다.

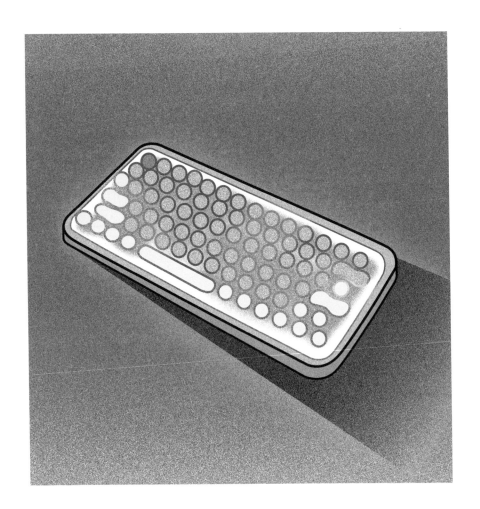

요즘 학생들은 학습용 해킹 키보드를
사서 컴퓨터를 해킹하는 방법을 공부한다

학교에서 해킹하는 법을
배운다니?

물론 학교에서 엿보기를 권하거나 자료를 빼내라고 부추기는 것은 아니다. 그것은 체육시간에 달리기를 가르치지만 소매치기를 하고 도망치는 방법을 가르치는 것은 결코 아닌 것과 같다. 태권도를 가르치지만 사람을 때리라고 가르치는 것은 아닌 것과도 같다.

어린이에게 해킹을 가르치는 것은 컴퓨터와 통신 보안도 함께 가르쳐 줄 수 있기 때문이다. 어린이는 컴퓨터를 이용해서 다른 컴퓨터를 공격하고 통신을 방해하는 방법에 대해 알고, 그것을 예방하고 지키는 방법을 배우게 된다. 그렇게 해서 아주 어린 나이부터, 디지털 통신이 어떤 식으로 이루어지고 있고 안전하게 디지털 통신을 하려면 어떤 점을 유의해야 하는지 마음속 깊이 새긴다.

IT에 대한 교육은 한때 컴퓨터 프로그램을 어떻게 만드는지에 지나치게 중점이 맞춰졌다. 물론 지금도 프로그램 만드는 법에 대한 교육은 학교에서 제법 중요하게 다루고 있다. 그렇지만, 그보다 중요하고 어린 나이부터 익숙해져야 하는 것은 IT 보안에 관한 점이라는 쪽으로 교육 방향이 바뀌고 있다. 그래서 미래 시대의 학교에서는 중요한 역사적 사건을 배우듯이 자주 악용되었던 인터넷 통신의 허점을 배우고, 훌륭한 문학 작품을 배우듯이 잘 만든 보안 프로그램의 동작 원리를 배운다.

이렇게 보안 교육을 중요하게 여기는 것은 그만큼 컴퓨터와 통신 기술이 사회 곳곳에서 아주 중요해졌기 때문이다. 5G 통신이라는 더 좋은 통신 기술이 퍼지면서 많은 사람이 사용하는 아주 빠른 통신망이 많은 컴퓨터를 항상 연결하는 세상이 되고 있다. 이런 세상에서는 자율주행차가 사람 대신 차를 운전하고 있기 때문에, 모든 자동차 운전이 컴퓨터와 통신 기술에 의해 이루어진다. 만약 이 자동차의 컴퓨터가 오류를 일으키거나 통신이 방해를 받는다면 그대로 교통사고가 일어날지도 모른다. 또 사회 곳곳에서 사람을 돕는 인공지능 로봇의 경우도 마찬가지다. 만약 로봇의 컴퓨터가 오류를 일으키거나 통신이 방해를 받는다면, 로봇이 갑자기 사람 위로 쓰러지거나 너무 센 힘으로 사람을 밀고 당길지도 모른다.

음식 재료를 길러 내는 농장도 컴퓨터와 인공지능에 의해 운영되고 있다. 그러니 인공지능이 고장 난다면 농약을 너무 많이 뿌린 과일이 시장에 나올지도 모른다. 아픈 몸을 치료하는 약을 개발할 때도 컴퓨터와 인공지능을 이용하고 있으므로, 프로그램이 오류를 일으킨다면 먹어서는 안 되는 엉뚱한 물질을 사람이 먹게 될지도 모른다. 세상 온갖 일에 컴퓨터와 통신 기술이 관여하고 있으므로, 더 안전한 컴퓨터 프로그램을 만들고 혹시나 사고가 일어나도 대비할 수 있도록 통신 기술을 개발하는 일은 더 중요해졌다.

그러나, 대단히 많은 숫자의 복잡한 컴퓨터 프로그램이 서로 힘을 합해 움직이는 가운데 허점과 오류가 발생할 가능성도 점차 높아지고 있다. 통신 기술의 허점을 이용해서 자료를 훔치고 프로그램의 작동을 방해하려는 범죄자의 재주도 빠르게 늘고 있다. 특히나 미래 시대에는 사람의 두뇌뿐만 아니라 인공지능을 이용해서 다른 컴퓨터를 해킹하는 방법을 찾아내거나, 반대로 인공지능을 이용해서 통신망에 몰래 침입하려는 사람을 찾아내는 수법도 빠르게 발전하고 있다. 그렇다 보니, 컴퓨터와 통신을 안전하게 하기 위해서도 훨씬 더 많은 사람이 애써야 한다.

보안 기술을 위해 정부와 공공 기관이 노력해야 한다는 분위기가 빠르게 퍼지고 있다. 과거에는 보안 프로그램을 만들고 설치하는 일은 컴퓨터 회사, 소프트웨어 회사가 주로 신경 쓰는 일이었다. 그렇지만 불을 끄는 일을 정부 기관인 소방서에서 나서서 하고, 사고를 당한 시민을 위해서 구급차가 출동하듯이, 이렇게나 많은 컴퓨터와 통신망이 운영되는 세상에서는 정부에서도 더 적극적으로 보안에 나서야 한다고 생각하는 사람이 많아졌다.

즉 온갖 화려한 인공지능과 로봇 기술이 있다고 할지라도 튼튼한 보안 기술이 받쳐 주지 않는다면 실제로는 쓸 수 없다는 생각이 퍼지고 있다. 보안 기술이 없는 인공지능이란 한 번 이륙하고 착륙할 때마다 언제 폭발할지 모르는 비행기나 다름없다.

덕택에 학교에서는 예전보다 훨씬 깊이 있는 보안 교육이 이루어지고 있다. 학생들이 직접 해킹 기술을 탐구하면서 컴퓨터 프로그램과 통신망에 어떤 문제가 있는지 찾아내는 실력을 어느 정도 갖추어 나가도록 학교 교육이 나서서 이끌고 있다.

20세기 중반에 우리나라 주변의 정세가 바뀌면서 모든 학생이 영어 한두 마디는 할 수 있도록 학교에서 영어를 가르치기 시작했듯이, 미래 시대의 학교에서는 보안과 해킹 기법을 영어 단어처럼 익히게 하고 있다. 그래서 학생들이 자라서 보안을 전문으로 연구하고 해킹을 막는 기술을 개발하는 직업을 갖기도 하고, 굳이 보안에 관한 일을 하지 않더라도 시민이라면 누구나 보안과 안전한 컴퓨터 통신에 대해서 유의하며 지내는 세상으로 나아가고 있다.

심지어 요즘에는 반대로 학생이 학교의 보안을 지적하기도 한다. 복잡한 통신망에서 가끔 발생할 수 있는 아주 특이한 보안상 허점을 기발한 발상으로 찾아내는 학생이 어느 학교건 꼭 한두 명씩은 나타나기 때문이다. 전국의 수많은 학생이 다들 문제점을 찾아내겠다고 여러 통신 기술과 컴퓨터 프로그램을 살피고 있으니, 그 감시하는 눈에 허점이 발견될 가능성도 그만큼 높아진다. 오랜 경험을 가진 기술자가 무심코 넘어가기 쉬웠던 문제점을 어린 학생이 참신한 시각으로 찾아내는 일이 늘고 있다. 이런 식으로 해킹과 보안에 대해 학생이 직접 프로그램을 뜯어보며 공부하는 것은 단순히 교사가 외우라는 것만 기억하는 시간이 아니라, 각자 스스로가 자신만의 그림을 그리고 시를 써보는 것 같은 시간이 된다. 다시 말해서 사회가 학생에게 보안을 가르치고 있을 뿐만 아니라, 그 덕분에 학생이 사회를 더 안전한 곳으로 만들어 준다고도 할 수 있겠다.

학교에서 더 주목받는
인터넷 강의

학교의 변화는 단지 미래의 통신에 필요한 기술을 가르치는 방향으로만 가고 있는 것이 아니다. 다른 모든 과목을 가르치고 배우는 일과, 학교생활 그 자체에 관한 일도 컴퓨터와 통신 기술의 빠른 발전으로 빠르게 변화하고 있다.

원격으로도 실감 나고 재미있는 강의를 들을 수 있게 되면서, 학생들이 배우고 싶은 분야를 배우는 방법도 빠르게 늘고 있다. 인터넷에서 공유되고 있는 원격 강의 중에는 학교에서는 가르쳐 주지 않는 색다른 내용이나 어려운 내용도 있어서, 관심 있는 학생이라면 필요한 시간에 얼마든지 보면서 배울 수 있다.

반대로, 자신이 잘하지 못하는 과목인 경우에는 훨씬 쉽고 천천히 설명해 주는 선생님의 강의를 원격 강의로 볼 수 있다. 학교에서는 학생이 좋은 원격 강의를 들을 수 있도록 돕고 있기도 하다. 전국에서 가장 설명을 잘하는 강사의 강의를 누구나 들을 수 있으니, 부족한 점을 잘 채워 나갈 수 있다.

학교의 교사는 제대로 된 내용을 가르쳐 주는 인터넷 강의를 찾아서 학생들에게 소개한다. 엉뚱한 소리를 하는 잘못된 강의를 함부로 접하지 않도록 조언하기도 한다. 학생 각자의 수준과 관심사에 맞춰서 어떤 강의를 듣는 것이 좋은지, 학생을 가까이서 보고 잘 알고 있는 교사가 지도한다.

IT의 발전으로 학생들이 접할 수 있는 자료의 양이 크게 늘어나고 있다는 점도 이런 변화를 더 빠르게 하고 있다. 교육 당국은 학교 안에서 여러 가지 고전과 교양 서적을 전자책 기기를 통해 자유롭게 읽을 수 있도록 한다. 학생들은 전자책 기기에 그때그때 책을 다운로드해서 읽는다. 전자책 기기만 갖다 놓으면 공간이 부족한 작은 학교에서도 수천 권, 수만 권의 책을 읽을 수 있는 셈이다.

비슷한 방식으로 컴퓨터에 연결된 전용 안경을 쓰면 마치 다른 세상에 있는 것처럼 실감나는 영상을 보여 주는 가상현실 장치도 학교마다 점점 더 많이 설치되는 추세다. 이런 기기를 이용해서 학생들은 비행기 조종이나 로봇 조종 같은 일을 가상현실 속에서 경험한다. 인공지능 프로그램이 마치 실제로 비행기와 로봇을 조종하는 것 같은 모습을 보여 주므로, 진짜 기계를 접하는 것처럼 여러 가지 기계의 원리와 동작 방식에 대해 실감나게 배우게 된다.

한편 학교 현장에서는 직접 몸을 움직여야 하는 체육 수업이나 놀이 수업이 차차 강조되고 있다. 특히 학생들이 건강하게 자라나도록 하기 위해 체육 수업이 크게 발전하고 있다. 학교의 체육 시간이라고 해서 반 아이 모두가 한 덩어리가 되어 같은 운동을 하는 것이 아니라, 각자의 수준과 체력에 맞는 수업을 할 수 있도록 세심하게 조율되는 방향으로 좋아지고 있다. 그렇게 해서, 학교를 다니는 중에 몸과 마음을 건강하게 유지해 나가고, 자신에게 맞는 운동 습관을 찾을 수 있도록 학교가 이끌고 있다.

학생이라면 누구나
편히 쉴 수 있는 곳

이런 사회 분위기 속에서 학교는 시키는 것을 해야 하는 곳이 아니라, 좋은 일을 할 수 있는 곳이라는 쪽으로 시각이 바뀌고 있다. 이제, 학생에게 학교는 의무가 아니라 권리가 되고 있다는 뜻이다.

젊은 인구보다 나이 든 인구가 많았던 고령화 시대를 지나, 인구가 전체적으로 크게 감소하는 인구 절벽 시대를 맞이하면서 학생을 교육한다는 것에 대한 사회의 관점도 바뀌고 있다. 학생을 어떻게 교육해야 교육 당국에게 편한지, 어떻게 대해야 학부모를 만족시킬 수 있는지를 고민하던 과거의 교육이, 어떻게 해야 학생 각자에게 좋을 수 있을지를 생각하는 방향으로 변해 가고 있다. 공정한 입시제도를 만든다고 시험 방식과 학생 선발 방법을 작년에는 이렇게 바꾸고 금년에는 저렇게 바꾸는 데 관심을 쏟는 대신에, 실제로 학교에서 학생이 잘 지낼 수 있도록 시설과 설비를 개선해 나가는 데 관심을 쏟는다.

한동안은 미래를 대비하기 위해서 아주 대단한 것을 가르쳐야 한다며 논쟁이 격렬해진 적도 있었다. 더욱 복잡해진 인공지능과 로봇을 다루기 위해서는 학생에게 가르치는 과목이 이렇게 바뀌어야 한다 혹은 저렇게 바뀌어야 한다를 두고, 막대한 비용을 투입해 연구하고 조사하던 때도 있었다. 미래에 필요한 인재는 이런 것이고, 진정한 창의력을 기르는 방법은 저런 것이다, 그게 아니라 다른 것이라며 무엇을 가르칠 것이냐를 두고 다투기도 했다.

그러나 미래 시대로 갈수록 학생에게 무엇을 가르칠 것인지보다는 어떻게 가르칠 것이냐에 집중하는 쪽에 무게를 싣고 있는 듯하다. 기성세대가 학생을 어떤 사람으로 바꾸는 것이 좋은지 결정해서 그대로 길러 내는 방식으로는 빠르게 발전하는 미래에 잘 적응하는 사람이 나올 수 없다. 창의적인 인재를 길러 내는 방식에 대해 알지 못하는 기성세대의 계획은 미래에 걸맞지 않다. 그런 생각에 많은 사람이 공감하고 있다.

대신 학교를 학생들에게 정말 좋은 곳, 편안한 곳, 많이 얻어 갈 수 있는 곳으로 가꾸어서 그곳에서 학생 스스로 미래에 필요한 것을 키워갈 수 있도록 하는 데 집중하고 있다. 어느 과목을 몇 시간 가르칠 것인가 하는 문제보다도, 어떻게 학생들이 학교에서 즐겁고 아늑하게 지낼지 하는 문제를 더 많이 고민한다.

그렇게 해서 학교는 가장 깨끗하고 좋은 화장실이 있고 여름에는 어느 곳보다 시원하고 겨울에는 어느 곳보다 따뜻한 장소가 되고 있다. 미세먼지나 황사가 심해지는 계절에는 깨끗한 공기를 마시며 머물 수 있도록 충실한 집진 시설과 미세먼지 정화 시설이 갖추어져 있다. 식사 때마다 어느 곳 못지않은 좋은 음식을 먹을 수 있는 식당이 있고, 만사 모든 것을 잊고 푹신하고 편안하게 앉아서 쉴 수 있는 자리도 있고, 운동을 하거나 악기를 배워 볼 수 있는 곳도 있다. 인종과 배경이 다른 학생이 점점 많아지고 복잡해지는 사회에서 학교는 학생들이 가장 편하게 시간을 보낼 수 있는 곳이다.

여러 가지 일로 답답하고 힘든 일을 겪고 있는 학생이 다른 어느 곳보다 학교로 먼저 달려 와서 잠시 숨을 돌리고 다시 삶을 살아갈 기운을 차릴 수 있도록 노력하고 있다.

교사는 통신과 인공지능 기술을 이용해서 혹시라도 학대를 당하고 있는 학생이 있거나, 학교 폭력 문제가 생길 수 있는지를 살핀다. 교사들이 눈치채지 못하고 지나간다고 하더라도, 학생 사이에 섞여 말을 걸고 농담을 나누는 로봇이 학생들을 세심히 관찰한다.

학생의 태도, 등하교 시간, 표정의 변화로부터 혹시 큰 문제가 생기지는 않았는지를 알아내기 위해 학교는 항상 신경을 쓴다. 처음 인터넷 게시판이 나왔을 때, 익명 게시판에서 사람들이 고민을 털어놓고 솔직한 심정을 이야기했듯이, 학교는 다양한 통신망 기술을 이용해서 학생들의 솔직한 심정과 삶의 모습을 좀 더 가까운 곳에서 보고, 문제에 귀를 기울인다.

이렇게 해서, 학교는 과거와는 전혀 다른 수준으로 학교 폭력과 학교 내 범죄를 줄여 나가고 있다. 다음 학기에는 중국어를 많이 가르쳐야 한다, 아니다 힌두어를 가르쳐야 한다는 논쟁을 하면서 중국어 단어 몇 개, 힌두어 단어 몇 개를 더 외우게 하는 문제에 신경을 쓰는 것보다도, 학교 폭력에 상처받을 학생을 미리 도와주는 것이 학생의 인생에 훨씬 중요한 일이라는 것을 이제는 다들 알고 있기 때문이다. 그리고 그런 일이야말로 시험 문제 몇 개를 어떻게 출제하느냐보다 사회에 중요하다는 점도 알고 있다.

녹색 창문 필름
기후변화 적응 기술

쇼핑을 시작하기 전에

× 기후 기술

사람과 사람을 둘러싼 자연환경이 기후변화 때문에 피해를 입는 일을 방지하기 위한 기술이다. 요즘의 기후변화는 기후를 바꾸는 물질인 온실기체가 많아지면서 일어나는 경향이 강하다고 보고 있다. 따라서 이로 인한 피해를 막는 기술을 기후 기술이라고 하는 경우가 많다.

× 온실기체 감축 기술

연료를 태우면 이산화탄소가 발생한다. 이 이산화탄소는 기후를 바꾸는 온실기체이기 때문에 양이 많아지면 피해가 발생한다. 이 때문에 이런 온실기체가 덜 발생하는 방법으로 연료를 태우거나, 이미 발생한 이산화탄소를 다시 빨아들여 저장하는 기술을 개발해서 기후변화를 막을 수 있다. 이런 온실기체 감축 기술이 대표적인 기후 기술이다.

× 기후변화 적응 기술

기후가 변화하면 홍수, 가뭄, 태풍, 폭설, 너무 심한 안개와 먼지, 추운 날씨, 갑작스러운 해충의 대량 발생 등이 일어난다. 기후변화 적응 기술은 이런 재해를 예방하거나 재해가 발생했을 때 사람들이 최대한 생명과 재산을 지킬 수 있도록 대비하는 기술이다. 이 역시 대표적인 기후 기술이다.

✕ 기후변화 적응 기술은 지금 어디까지 발전했을까?

우리나라 인공위성 천리안2B는 높이 3.8미터, 무게 3,000킬로그램이 넘는 커다란 인공위성으로 2020년부터 우주에서 작동을 시작했다. 이 인공위성은 세계 최초로 정지궤도에서 대기환경을 관찰할 수 있다. 즉 우주에서 항상 한반도 방향을 내려다보면서 미세먼지가 공기 중에 어떻게 생겨서 퍼져 나가는지를 감시한다. 또한 바다의 오염이나 녹조, 적조 같은 현상을 정밀하게 관찰할 수 있어서, 기후변화로 발생할 수 있는 여러 가지 피해를 감지하고 분석하는 데 사용한다.

○ ○ ○

3층 끄트머리로 가자 사람들이 많이 몰려 있었다. 아마 이 상점 전체에서 가장 잘 팔리는 제품이 있는 곳인 모양이었다. 나는 판매대를 향해 바삐 걸어가고 있는 사람에게 물었다.

"뭘 팔길래 저렇게 사람이 많나요?"

"녹색 창문 필름을 판대요. 신제품이라서 성능도 굉장히 좋다고 하더라고요. 지난겨울에 날씨가 추워서 고생한 사람들이 워낙 많잖아요. 그래서 저걸 사서 달아 놓으려는 거예요."

나에게 답을 해준 사람은 빠른 걸음으로 자신도 물건을 파는 곳으로 갔다. 나도 따라가 보았다.

이야기대로 유리창에 붙이거나 달 수 있는 투명하고 얇은 플라스틱 판들을 팔고 있었다. 사람들은 각각의 제품이 어떤 용도에 적합한지, 어떤 모양인지를 살펴보고 있었다. 쌓여 있는 플라스틱 판 앞에는 사람 점원 한 명과 함께 로봇 점원 한 대가 서 있었다. 손님들이 자기 집에 달 수 있는 제품인지 점원에게 물어보고 상담하는 동안, 로봇은 가끔씩 간단한 질문에 대답을 하곤 했다.

조금 한가할 때가 되자 로봇이 이렇게 말했다.

"여름용 제품을 바깥에 치고 창문을 열어 놓으면 뜨거운 열기와 강한 빛은 최대한 막아 주면서 시원한 바람은 들어옵니다. 겨울용 제품을 창문에 달아 놓으면 바깥의 빛이 최대한 들어오게 하면서 찬바람은 들어오지 않도록 꼭꼭 막아 줍니다. 녹색 건축에서 가장 앞서 나가는 저희 회사의 신제품입니다."

녹색 건축이란 짓는 과정에서 에너지와 자원을 적게 쓰고, 다지어 놓은 후에도 에너지를 적게 쓰도록 만들어 놓은 건물을 말한다. 미래 시대로 가면서 녹색 건축과 관련한 제품이 인기를 얻고 빠르게 많아졌다. 겨울에는 집에서 열기가 새지 않도록 꼼꼼하게 막고 여름에는 집이 쉽게 달아 오르지 않도록 하며 여러 가지 기술을 사용하고 있다. 그전보다 훨씬 빈틈없이 꼭 닫히는 문과 창문이 잘 팔리고, 지금 이 상점에서 파는 필름처럼 창문에 들어오는 빛과 열을 조절하는 제품도 인기를 얻고 있다. 요즘에는 아예 집을 지을 때부터, 열을 잘 통하지 않게 하는 뛰어난 단열재heat insulating material로 벽과 지붕을 만들기도 한다. 이렇게 집을 만들어 놓으면, 겨울에는 난방을 많이 하지 않아도 훨씬 따뜻하고 여름에는 냉방을 하지 않아도 온 집이 서늘해서 지내기 좋다.

미래 시대로 가면서 녹색 건축과
관련한 제품이 빠르게 많아졌다

날씨가 바뀌자
세상이 바뀌었다

녹색 건축 제품이 이렇게까지 인기를 얻고 있는 것은 다름 아닌 기후변화 때문이다. 사람들이 살면서 뿜어낸 이산화탄소나 메테인 등의 온실기체 물질이 공기 중에 많이 퍼지면서 지구의 온도가 계절마다 변화하는 정도가 점차 달라지게 되었다. 기후변화는 그 탓에 전에는 예상하지 못했던 이상한 날씨가 자주 찾아오는 현상을 말한다. 갑작스럽게 추운 날씨와 굉장한 눈폭풍이 몰아닥치는가 하면, 여름에는 매우 덥거나 심한 폭우가 내리기도 한다. 때에 따라서는 물이 부족한 긴긴 가뭄이 이어지기도 하고, 지역에 따라서는 바닷물이 점점 많아져서 해변이 조금씩 물에 잠기기도 한다.

20세기 후반부터 이런 일을 걱정한 사람은 많았다. 뿜어내는 온실기체 양을 줄이려고 노력한 사람도 있긴 했다. 그렇지만 날씨를 다시 온화하게 되돌릴 정도로 온실기체를 빠르게 줄이기란 쉽지 않았다. 전기를 생산하기 위한 발전소나 물건을 만들기 위한 공장부터 농사를 짓고 음식을 만드는 등의 행동까지 거의 모든 사람의 활동 하나하나가 그 과정에서 온실기체를 어느 정도는 뿜어내기 때문이다. 자동차를 타면 자동차의 연료가 타면서 이산화탄소와 이산화질소 같은 온실기체를 내뿜고, 옷을 만들기 위해 옷감 공장의 기계를 돌리면 기계의 연료가 타면서 역시 이산화탄소를 내뿜는다.

그렇다 보니 온실기체를 줄여서 날씨를 되돌리려는 노력은 꾸준히 이루어지고 있지만, 어쩔 수 없이 과거에 비해 미래는 점차 더 춥고, 덥고, 습기 차고, 메마른 날씨를 버텨야 하는 시대가 되어 가고 있다.

이 때문에 지금은 기후변화에 대한 기술이 사람들의 삶에 반드시 필요하게 되었다. 20세기 후반만 해도 기후변화에 관해 눈길을 끈 것 중에는 "살 곳을 잃는 북극곰을 보호하자"라든가, "사라지는 아름다운 숲을 지키자" 등의 사연이 많았다. 가끔은 싱그럽고 깨끗한 자연을 즐기기 위해 바쁘게 돌아가는 사회가 잠시 쉬어 가면 좋겠다는 고상한 사람들의 의견처럼 비칠 때도 있었다.

그렇지만 지금은 사정이 달라졌다. 이제 기후변화 문제는 막연히 자연을 보호하는 것이 선한 일이라는 고고한 정신의 문제가 아니다. 기후변화는 눈앞에 닥친 위기가 되었다. 숲과 나무를 살리는 것도 물론 여전히 중요하지만 당장 사람 목숨을 구해야 하는 문제로 변해 버렸다.

기후변화가 닥치면서 가장 먼저 고생하는 것은 가난하고 힘이 없는 사람들이다. 부유한 사람들은 날씨가 더워져도 냉방 장치를 펑펑 틀어 두고 지내면 되고 날씨가 추워져도 집을 따뜻하게 덥히면서 살면 된다. 그렇지만 가난하고 힘없는 사람들은 그렇게 지낼 수가 없다. 물과 전기를 조금이라도 아껴야 하고 혹독한 날씨에도 바깥에 나가 일을 해야 한다. 가뭄이 들어 물이 귀해지면 물을 구할 돈을 걱정해야 하고 갑자기 많은 비가 내리면 낮은 곳, 낮은 층에서 사는 사람들은 집이 물에 잠기지 않을지를 걱정해야 한다.

그렇기 때문에 기후변화 문제에 대한 대응은 혹독한 날씨에 약할 수밖에 없는 사람들을 어떻게 보호해야 할 것이냐 하는 점에 먼저 집중하게 되었다. 그렇다 보니 기후변화에 관한 기술 중에서도 달라진 기후에 적응하기 위한 기술, 즉 기후변화 적응 기술에 더 많은 관심이 쏠리게 되었다.

결국 녹색 건축의 인기도 기후변화 적응 기술에 대한 관심 때문이라고 할 수 있다. 특히 추울 때 열을 잘 뺏기지 않는 재료로 벽을 쌓고, 더울 때 열이 잘 들어오지 않도록 하는 재료로 지붕을 만들어 놓는 등의 녹색 건축 주택은 이중으로 이득이다. 춥고 더운 날씨에도 적은 전기료와 연료비로 지내게 해주니까 기후변화를 버텨 내는 데 일단 도움이 된다. 그리고 전기료와 연료비를 줄일 수 있으니, 전기와 연료 때문에 생기는 온실기체를 줄일 수 있고 앞으로 기후변화를 조금씩 되돌려 놓는 데도 도움이 된다.

그렇다 보니, 기존의 주택을 녹색 주택으로 개조하는 공사나, 문짝이나 창문을 바꿔 어느 정도 녹색 주택의 효과를 내는 제품이 점점 인기를 얻고 있다. 난방 장치나 냉방 장치의 성능을 개선해서 적은 전기로 따뜻하고 시원하게 기온을 조절하는 기계도 계속해서 개발되고 있다. 특히 그동안 냉방 장치에 흔히 HFC라고도 하는 수소불화탄소라는 물질이 재료로 활용되어 왔는데, 이 HFC를 대체하거나 좀 더 개선한 제품도 인기다. HFC 물질 중 상당수는 강력한 온실기체이기 때문이다. 그래서 냉방 장치에 사용되는 HFC

를 개량하는 것 자체도 기후변화에 대처하는 데 도움이 된다.

여름에 더 시원하고
겨울에 더 따뜻한 집

미래 시대에는 아예 컴퓨터로 바람과 열기를 계산하고 예측해서 집을 설계하는 방식도 인기를 얻고 있다. 그저 막연한 경험으로 "맞바람이 불면 여름에도 시원할 것이다"라고 문과 창문을 내는 것이 아니라, 주변의 지형과 햇빛이 들어오는 시각, 각도를 컴퓨터로 면밀히 계산해 구조를 어떻게 만들면 여름에 시원하고 겨울에 따뜻할지 따져 가며 집을 짓고 있다.

홍수와 가뭄에 대응하기 위한 기술에도 많은 공을 들이고 있다. 기후변화가 심해지면, 100년에 한 번 올까 말까 한 폭우가 자주 내릴 수 있다. 이런 일에 대비하기 위해서는 큰 재난이 생기기 전에 재빠르게 사람들에게 알리는 기술부터, 위험한 상황 전에 사람들을 대피시키는 기술까지 같이 갖추어야 한다.

다른 곳에 비해 땅이 유난히 낮은 도시 구역부터, 둑이 넘치면 물에 잠길 수도 있는 마을이나 강물 수위가 높아지면 휩쓸릴 위험이 있는 도로 같은 곳 등을 관공서에서는 지도에 일일이 표시해 면밀히 파악해 두고 있다. 단순히 어느 위치에 무엇이 있다는 것만 만들어 놓은 지도가 아니라, 공중에서 촬영한 사진을 컴퓨터가 분석해 어느 곳이 높고 낮은지를 치밀하게 계산해 놓은 지도다. 그렇게 해서 만약 홍수가 나면 어디서부터 물이 밀려오며, 어디가 먼저 물에 잠길지를 예상해 두고 있다.

그러다가 갑자기 비가 많이 쏟아지는 날이 찾아오면, 사람의 대응이 늦어져도 감지 장치가 자동으로 대피하라는 신호를 보낸다. 사람 없이도 저절로 움직이는 드론과 자율주행차가 위험한 곳에 찾아가 대피시킬 준비를 하고, 더 이상 사람들이 오지 않도록 막아서기도 한다.

사람들이 많이 사는 도시 지역에서는 홍수와 가뭄에 대해 좀 더 철저히 대비하고 있다. 많은 도시에서 비가 많이 와도 물이 넘치지 않고 보관될 수 있도록 빗물을 받아 두는 커다란 웅덩이나 저수지 같은 빗물 저류조를 더욱 많이 만들고 있다. 지하에 구덩이를 파서 빗물을 받아 두도록 만든 곳이 있는가 하면, 지형을 고려해 적당히 낮은 위치에 공원이나 운동장을 만들어 둔 곳도 있다. 이런 곳은 평소에는 사람들이 노는 광장으로 활용되지만 갑자기 폭우가 몰아치고 홍수가 나는 일이 생기면 사람들이 사는 곳으로 물이 밀려들지 않고 대신 바로 이곳, 공원과 운동장에 물이 고이도록 되어 있다.

한편으로는 빗물을 역으로 활용하는 장치도 많이 만들고 있다. 이미 21세기 초에도 많은 나라가 도로나 건물 지붕에 쏟아지는 빗물을 활용하는 장치를 여럿 두고 있었다. 이런 장치들이 개량되어 더 널리 퍼지고 있다.

하늘에서 흘러내리는 빗물은 상대적으로 맑은 물이지만 도시에 떨어지면 도로와 건물 위를 흘러 하수구로 들어가 더러운 물로 변하기 마련이다. 이렇게 되면 아까운 깨끗한 물이 그대로 더러운 물 쪽으로 버려지게 된다.

이 때문에 건물 지붕이나 도로 주변에서 빗물을 받아 두었다 더러워지기 전에 활용하는 장치는 값어치가 있다. 집집마다 빗물을 어느 정도 받아 둘 수 있기 때문에 홍수를 막는 효과도 있고 반대로 가뭄이 들어 물이 부족할 때 이 물을 유용하게 쓸 수 있다. 특히 아주 깨끗할 필요가 없는 화장실에서 사용하는 물, 또는 도로 청소나 세차를 위해서 사용하는 물로 모아 둔 빗물은 요긴하다. 게다가 이렇게 빗물을 잘 사용해서 물을 아껴 쓰면 먼 곳의 맑은 물을 끌어오기 위해 펌프를 돌릴 연료와 물을 맑게 하기 위해 정수 시설에서 사용하는 전기도 같이 절약할 수 있다. 연료와 전기를 절약할 수 있다면 그만큼 온실기체가 나오는 것을 줄여서 기후변화를 막는 데도 더욱 도움이 된다.

도시 바깥 지역에서는 어떤 재료로 길을 포장하느냐 하는 것도 날씨를 고려하면서 이루어지고 있다. 빗물을 길 위로 흘려보내는 것이 아니라 그대로 통과시켜 최대한 땅이 빨아들이게 하는 재료를 개발해서 사용하는가 하면, 반대로 최대한 물이 스며들지 않는 방수 기능을 철저하게 갖춘 재료를 이용할 때도 있다. 이런 여러 재료를 잘 활용해서 물이 스며들어야 하는 곳에서는 스며들고 스며들지 말아야 하는 곳에서는 흘러가도록 길을 가다듬어 놓는다. 아무렇게나 아스팔트로 길을 뒤덮고 아무 보도블록이나 막 써서 거리를 덮는 것이 아니라, 최대한 물이 넘치지 않으면서도 산사태가 일어나거나 땅이 꺼지는 일도 생기지 않도록 물길을 따져서 여러 재료를 활용한다.

비슷한 이유로 홍수를 잘 견디도록 아예 튼튼한 재료와 강한 구조로 만든 도로와 철로를 위해 애쓰는 사람도 있다. 예전 같으면 쇠로 만들어 놓은 철로를 두고 어지간해서는 망가질 걱정을 하지 않았을 것이다. 하지만 홍수가 잦아지고 더운 날씨와 눈이 많이 오는 날씨도 많아지고 있으니 철로가 견뎌 내기도 그만큼 어려워질 수밖에 없다. 이런 상황에서 기차가 멈추는 일 없이 잘 다니게 하려면, 더 강한 재료로 철로를 보수해야 하고 혹시 철로가 약해진 곳은 없는지 샅샅이 감시해야 한다. 그 때문에 스스로 철로나 도로 주변을 움직이며 점검하는 로봇이나 드론, 또는 철로나 도로의 약한 곳을 쉽게 찾아낼 수 있는 휴대용 감지 장치를 만드는 기술도 기후 변화에 대응하기 위해 계속해서 개발되고 있다.

지하와 바닷가를 지키기 위해서 같은 방식으로 고민하는 사람들도 늘고 있다. 도시의 땅속에 묻힌 하수도와 수도관이 어떻게 험한 날씨를 버틸 것이며, 어느 곳이 혹시 부서질 위험이 있지는 않은지 알아내기 위해 마찬가지로 땅속을 관찰할 수 있는 장비와 튼튼하고 오래가는 재료를 활용하고 있다. 게다가 갑작스럽게 땅속에서부터 흙과 돌이 쓸려 나가 땅이 꺼지는 싱크홀 현상이 생길 위험은 없는지도 중요한 문제가 되고 있으므로, 사람들은 더 열심히,

세심히, 위험해질 곳이 어디인지 찾고 또 찾아다닌다.

이렇게 신경을 많이 쓰고 손이 많이 가야 하는 곳은 기후변화가 계속될수록 늘고 있다. 더 강력해진 태풍을 견디기 위해 건물의 창문이나 간판을 튼튼한 것으로 개조하는 단순한 일부터, 높은 파도를 버티기 위해 바닷가에 방파제와 파도를 막는 벽을 높이 세우는 커다란 공사까지 전국 모든 곳이 기후변화 때문에 바뀌고 있다. 하물며 사람들이 거의 오지 않는 깊은 산속조차도, 혹시나 산사태가 일어나지는 않을지, 비 때문에 땅이 쓸려 내려가 무거운 바위가 굴러 떨어지는 일은 없을지, 사람들은 계속해서 조사하고 있다. 특히나 우리나라는 사계절 날씨의 변화가 큰 동시에 산도 많고 강도 많기 때문에 이런 문제에 더 많은 고민을 하는 나라가 되었다.

하물며 미래 시대에는 등산객도 무엇인가 의심나는 곳이 있으면 핸드폰으로 촬영하고 지팡이에 달린 소형 감지기로 측정해서 바로바로 그 자료를 기후변화에 대응하는 관공서에 신고하고 있다.

다른 수많은 기술도 기후변화와 맞서는 데 총동원되고 있다. 전기를 절약하기 위해 배터리를 활용하는 기술, 물과 에너지를 덜 쓰면서 음식 재료를 생산하는 수직 농장 기술, 홍수와 가뭄으로 척박해진 땅에서도 나무를 심고 농사를 지을 수 있는 유전자 편집 기술, 바닷물을 먹을 수 있는 물로 바꾸는 나노 기술까지, 거의 모든 과학기술 연구가 어느 한쪽에서는 기후변화와 연결되고 있다.

설령 기후변화가 어느 정도 회복된다고 해도 사람들이 이렇게 위험에 대비하는 일은 꾸준히 이어질 것으로 보인다. 세상이 발전해 한 사람 한 사람의 목숨이 더욱 가치 있게 생각되고, 사회 안전이 중요하게 되는 쪽으로 변해 갈수록, 갑작스러운 재난에 최대한 대비하고 피해를 줄이겠다는 마음은 점점 더 커지기 때문이다.

우주 바깥에서 지구 끝까지, 날씨에 대비하기 위한 노력

최근에는 아예 날씨의 변화를 더 확실하게 미리 예상하는 것에 대한 도전도 빠르게 발전하고 있다. 전국 각지의 미생물 변화 같은 섬세한 자료 조사 결과까지 모두 함께 처리할 수 있는 강력한 고성능 컴퓨터를 이용해서 일기 예보를 계산해 내려는 사람이 있는가 하면, 우주에서 인공위성으로 지구를 정밀하게 관찰하면서 날씨의 변화를 예상하려는 사람도 있다.

그중에서도 나노샛nanosat과 마이크로샛microsat은 점점 많은 인기를 얻고 있는 분야다. 나노샛과 마이크로샛은 우주로 보내는 인공위성이지만 예전에 사용하던 인공위성보다는 훨씬 작은 크기인 것을 말한다. 2010년대에 나온 초소형 인공위성 중에는 하나가 손가락 길이만 한 것도 있을 정도였다. 이런 위성은 워낙 작고 가벼워서 로켓을 한 번 발사할 때 수십 대, 수백 대씩 띄워 올릴 수 있기 때문에 훨씬 적은 비용으로 우주에 보낸다는 장점이 있다.

예전에는 이렇게 작은 인공위성이란 그저 인공위성을 보낼 수 있는지 실험해 보는 용도 정도로 쓰일 뿐이었다. 하지만 정보 통신 기술이 발전하면서 이제는 작은 인공위성에도 성능이 뛰어난 작은 장치를 많이 달 수 있게 되었다. 덕택에 미래 시대에는 우주에서 지구의 날씨가 어떻게 변하고 있는지 정보를 포착하는 작업에도 작은 인공위성을 제법 잘 활용할 수 있다. 게다가 로켓 기술의 발전으로 우주로 물건을 보내는 비용이 내려가게 되자, 그보다 좀 더 큰 인공위성을 띄워 지구의 사진을 찍고 곳곳의 온도 변화를 살펴보거나 구름의 흐름을 관찰하는 일도 쉽게 해내고 있다.

점차 세계의 여러 나라가 서로 협력하고 자료를 나누는 분위기로 변하고 있는 것도 다 같이 기후변화에 맞서 나가는 데 도움이 되고 있다. 이제 한 나라에서 발사한 인공위성이 수집한 자료는 이웃 나라 사람도 누구나 연구에 활용할 수 있도록 공개하는 경우가 많아졌다. 그렇기 때문에 더 많은 사람이 각자의 참신한 아이디어로 날씨를 예상하거나 날씨 때문에 생길 수 있는 위기를 예측하는 데 도전하고 있다.

예를 들어 기후변화 때문에 갑자기 날씨가 이상하게 더워지면 나무나 곡식을 갉아먹는 해충이 번성할 수 있다. 2020년에는 강원도 지역에 매미나방이 생겨 길 위를 매미나방 애벌레가 새카맣게 덮은 일이 있었다. 하지만 미래 시대에는 인공위성, 드론, 기구 같은 장비를 이용해 수집한 자료를 여러 기관이 공유하며 매일같이 분석하고 있으므로, 그런 해충이 생겨나려고 하면 재빨리 알고 대비한다.

이제는 공기 중으로 나온 이산화탄소를 도로 빨아들여 저장해 두는 이산화탄소 포집 저장 기술까지도 발전하고 있다고 한다. 그렇다면 곧 기후변화를 우리가 완전히 극복할 수 있는 날이 올지 모른다.

　그때까지는 다 같이 힘을 합해서 어떻게든 기후변화와 싸우며 나아가는 노력이 필요하다. 기후변화는 이미 닥친 문제이기에, 북극곰을 구하기 위한 기후변화 대책도 필요하지만, 당장 내년 여름, 홍수로 역류한 물에 잠기는 반지하 집을 지키기 위한 기후변화 대책 또한 필요하다.

출구

계산대와
특별
판매
코너

택배로 배송되는 건축물 × 모듈화 건축
달 기지와 화성 기지 × 우주 생활
외계인에게 보내는 편지 × 태양계 바깥 탐사

택배로 배송되는 건축물
모듈화 건축

쇼핑을 시작하기 전에

✕ 모듈화 건축

공사 현장에서 모든 것을 만들고 짓는 방식이 아니라, 공장 같은 곳에서 건물의 필요한 부분을 최대한 많이 만들어서 현장에서는 조립만 하는 방식이다. 이때 미리 만들어 온 부분 부분에 해당하는 것을 모듈이라고 하는데, 모듈화 건축을 이용하면 더 싸고 빠르게 집을 지을 수 있을 때가 많다. 최근에도 자주 사용되고 있으며 그 적용할 수 있는 범위도 계속해서 늘고 있다.

✕ 비파괴 검사

어떤 물체의 원형을 부수지 않고 기능도 손상시키지 않으면서 외부와 내부에 결함이 있는지 알아내는 방법이다. X선을 이용한 비파괴 검사 방법은 20세기에 이미 널리 퍼져서 활용되고 있다. 건물이 튼튼한 상태인지 확인하는 데에도 사용되고 있으며, 한층 정밀하고 정확한 방법이 계속해서 개발되고 있다.

✕ 초고층 건축 기술은 지금 어디까지 발전했을까?

2020년 세계에서 가장 높은 건물은 두바이에 있는 부르즈 할리파 빌딩으로, 높이는 829.8미터, 층수는 지상 160층에 달한다. 우리나라 건설 회사를 비롯한 전 세계 건설 회사가 참여해 5년간 빌딩을 지었다. 전체 건설 기간을 놓고 보면 약 10일에 한 층씩 지어 올린 것인데, 공사가 본격적으로 진행될 때는 대략 3일 만에 한 층씩 만들었다고 한다.

○ ○ ○

나는 물건들을 사기 위해 계산대로 갔다. 물건들을 계산대에 올려 놓으면, 컴퓨터가 무슨 물건인지 바로 인식한다. 그리고 카메라 로 봇이 다시 물건들 위를 움직이며 개수와 종류를 빠르게 재확인한 다. 계산대 화면에는 물건 가격이 표시된다. 화면 속 사겠다는 버튼 을 누르면, 돈을 내는 것도 바로 끝난다. 일일이 물건을 들여다보 면서 값을 계산할 필요가 없다.

나는 지문과 내 얼굴을 은행 컴퓨터에 등록해 두었다. 상점 컴 퓨터는 내 얼굴을 카메라로 본다. 그리고 단추를 누르는 내 손가락 끝에서 지문을 읽어 들인다. 내가 맞다는 것이 확인되면 상점에서 자주 사용할 목적으로 예전에 등록해 둔 계좌에서 바로 돈이 뽑혀 나간다. 거스름돈을 헤아리는 일도 없고 카드가 제대로 읽히는지 안 읽히는지를 두고 실랑이를 하는 일도 없다.

계산대에는 혹시나 오류 때문에 컴퓨터와 로봇이 제대로 작동 하지 않을 때를 대비해서 수동으로 계산해 주는 사람이 한 명 있다. 그 외에는 은행이나 돈을 지불해 주는 다른 회사에 대해 알아보고 싶을 때를 위해서 일을 도와주는 사람이 나와 있다. 그리고 산 물건 을 부지런히 배달해 주는 로봇들과 그 로봇들을 지휘하는 사람들 이 분주히 일을 하고 있다. 계산대에서 사람이 하는 일도 미래가 되 면서 바뀐 셈이다.

나는 내가 산 물건들을 모두 배달시키기로 결심했다. 내가 사 는 곳은 이번에 새로 건설된 아파트로, 로봇에게 편리하게 되어 있어 간편하게 로봇 배달을 시킬 수 있다.

누구나 가질 수 있게
싸게 짓는 집

건물, 집은 적지 않은 사람들이 살면서 가장 많은 시간을 보내는 곳이다. 많은 사람이 집에서 자다가 일어나서, 일터나 학교가 있는 건물에서 머무르고, 그곳에서 하던 일이 끝나면 다시 집에 돌아와서 쉰다. 야외에서 일하는 직업을 가진 사람을 제외하면 하루의 대부분을 건물 안에서 보내고, 야외에서 일하는 사람조차도 일이 끝나면 집 안에 들어와서 지내게 된다. 그런 만큼, 집이 어떻게 달라지느냐 하는 것은 사람의 삶과 사람들이 모여 사는 사회가 어떻게 달라지는지에 대해 가장 결정적인 영향을 끼친다고 생각해 볼 수도 있겠다.

그렇게 생각하면 빠르게 발전한 많은 기술 중에서 먼저 큰 변화를 가져온 기술은 값싸고 빠르게 안전한 집을 짓는 기술이다. 그런 변화를 위해서 사람들은 집을 짓는 일을 공장이라는 또 다른 집 안으로 가져갔다.

삼국 시대와 고려 시대의 사람들이 사는 물건은 주로 전문 기술자만이 만들 수 있는 농기구나 칼 같은 것들이었다. 그러다가 조선 시대 말이 되자 옷감을 직접 일일이 짜서 만들지 않고 공장에서 만든 것을 사는 사람들이 많아졌고, 20세기가 되면서 옷을 직접 지어 입는 사람보다 공장에서 만든 옷을 사는 사람이 많아졌다. 20세기 말이 되자, 음식조차도 집에서 요리해서 먹는 대신에 공장에서 만든 과자, 디저트, 냉동식품, 간편조리 식품을 사다 먹는 경우가 많아지게 되었다. 그리고 미래로 갈수록 건물조차도 공장에서 가장 값싸고 빠르게 만들 수 있는 재료를 사서 쓰는 경우가 많아지고 있다.

공장에서 만든 재료를 최대한 활용해 그것을 바로 조립해서 집을 짓는 일은 이미 20세기 후반부터 조립식 주택이라는 이름으로 유행하고 있었다. 특히 철로 만든 컨테이너를 방처럼 꾸미는 간단한 방법은 곳곳에서 많이 쓰여서, 급하게 비를 피하고 쉴 곳을 만들어야 할 때 흔히 사용되는 방법으로 자리 잡았다. 그러던 것이 기술이 발전할수록, 다양한 구조의 집, 튼튼하고 기능이 좋은 집도 공장에서 만든 재료를 최대한 이용해서 지을 수 있도록 변화해 가고 있다.

이렇게 집을 부분 부분으로 나누어 공장에서 만들어 놓은 조각을 모듈이라고 한다. 그리고 미래 시대에 짓는 집들은 필요한 모듈을 공장에서 사 와서 그것들을 조립하고 연결하면 완성되는 형태인 경우가 허다하다.

공장에서 전문 기술자가 자동화 기계로 만든 모듈 부품은 튼튼하고 성능이 좋다. 그러면서도 대량 생산하는 제품이기 때문에 값은 저렴하다. 이런 부품을 집 지을 곳에 가져온 뒤에는 정교하게 움직이는 로봇 장치를 이용해서 조립한다. 이런 장치를 이용하면 커다란 벽이나 넓은 마루 바닥이라 하더라도 어렵지 않게 조립할 수 있다. 게다가 미래로 갈수록 가볍고 튼튼한 재료가 나오고 있기 때문에 집의 재료인 부품도 더 가벼워져서 운반하고 조립하기도 편해지고 있다.

그렇다 보니 처음부터 끝까지 공장에서 만든 모듈을 이용해서 집을 짓는 경우도 흔하다. 전부는 아니더라도 몇몇 부분에 모듈을 이용하는 경우는 아주 많다. 복잡하고 다루기 어려운 건물의 전기 배선이나 상하수도 배관은 공장에서 사온 모듈을 이용해서 조립한다든지, 화장실을 지을 때는 모듈 부품을 이용한다든지 한다. 이런 식으로 건물을 지으면 급하게 집이 필요할 때 빠르게 짓기 좋고, 튼튼하고 오래가는 건물을 지을 만한 인력이 없는 곳에서도 공장에서 만든 품질이 보장된 부품을 사용하다 보니 어느 정도 수준 이상으로 안전한 건물을 세울 수 있다.

모듈을 이용해 집을 짓는 방법이 갑자기 퍼져 나가기 시작했을 때는 다들 비슷비슷한 집만 짓게 될지 모른다고 걱정하는 사람도 있었다. 그렇지만 미래에 집을 지을 때는 처음부터 컴퓨터로 설계를 하고, 시청이나 군청이 가지고 있는 자료에 접속해서 옆집이나 주변 풍경 모습까지 합성해 보는 것이 보통이다. 완성된 집이 어떤 모양으로 보일지 주변 모습까지 함께 계산하고 진짜처럼 그려 보면서 작업한다. 그래서 집주인의 취향이나 사회의 필요에 맞게 저마다 잘 어울리는 집을 쉽게 설계해서 짓는다.

그뿐만 아니라, 3D 프린터를 이용하기 때문에 집 구석구석에 자신만의 독특한 모양이나 장식을 그때그때 다양하게 출력해서 붙이는 일도 간편해졌다. 그래서 집집마다 다양한 대문을 만들거나 창문, 지붕 장식을 3D 프린터로 출력해서 붙인다. 그러므로 집들은 훨씬 다채로운 모습을 갖게 된다.

모듈을 이용해서 한옥을 짓는 사람도 굉장히 많아졌다. 20세기 후반만 해도 한옥을 짓는 것은 번거롭고 힘들다고 생각하는 사람이 많았다. 하지만 지금은 한옥도 공장에서 만든 부품을 조립하는 방식으로 훨씬 간편하게 짓고 있다.

나무나 기와를 그대로 쓰기도 하지만, 새롭게 개발된 플라스틱과 세라믹 소재를 섞어 쓰는 방법을 이용하기도 한다. 예전에는 새로 지은 한옥은 너무 날카로운 새것 느낌이 나서 우아한 옛 모습과 거리가 멀기 쉬웠는데, 새로운 기술로 빛깔과 형태를 잘 조절해서 지으면 전통 한옥의 예스러움에 훨씬 가까운 모습을 만들 수 있다. 그러면서도 공사는 간편하고 냉난방은 잘되는 집이 생긴다. 미래에는 예로부터 내려오는 한옥을 그대로 보존하기 위해 만든 한옥 마을뿐만 아니라, 새로 한옥을 짓고 사는 사람들이 저절로 모여서 생긴 새 한옥 마을도 전국 각지에 늘고 있다.

사람들이 이렇게 싸고 쉽게 건물을 짓는 방법에 매달린 것은 결국 새로운 건물이 사회의 많은 문제를 푸는 길이 될 수 있다고 생각했기 때문이다. 예를 들어 좋은 집을 쉽게 지을 수 있게 되면서, 집이 없어 거리를 떠도는 처지가 된 사람에게 머물러 지낼 공간을 나눠 줄 수 있게 되었다. 안전한 집이 생기게 되면 사람은 더 건강해지고 당장 하루하루를 사는 걱정이 준다. 한편으로는 범죄에 희생되거나 범죄에 연루될 가능성도 줄어든다. 그런 바탕에서 사람들은 미래를 꿈꿀 수 있게 되고 더 보람찬 일을 할 수 있다. 사회의 입장에서 볼 때도, 지낼 곳 없는 사람에게 집이 생기면 사회 전체가 건강해지고 안전해진다. 건강하고 안전해진 사회는 결국은 운영하는 데에 비용이 덜 드는 사회이고, 또 좋은 인재들이 마음 편하게 지내기 위해 모여드는 곳이다.

한편으로 필요할 때마다 쉽게 집을 지을 수 있게 되면서, 사회 변화에 맞춰 빠르게 필요한 시설을 짓고 개조하기도 간편해졌다. 수해나 산사태 때문에 집을 잃은 사람들이 급하게 지낼 곳을 마련하고, 로켓을 조립하는 공장을 빈터에 건설하거나, 새로운 마을을 건설할 때 사람들이 쉴 수 있는 여러 시설을 만드는 것이 쉬워지기도 했다. 그 덕택에 도시뿐만 아니라, 사람의 발길이 많이 닿지 않는 외진 지역이나 먼 섬 지역에서도 필요할 때면 깨끗하고 지내기 편한 집을 가질 수 있다.

로봇과 함께 살기 위해
하늘 높이 솟은 탑

반대로 기술 발전 때문에 도심 지역에서는 한층 거대한 빌딩이 등장하기도 했다. 마천루 sky scraper 는 건물이 아주 높아서 하늘을 긁어 댈 것처럼 솟아 있다는 뜻으로 쓰는 말이다. 마천루를 짓는 유행은 이미 20세기에 일찌감치 시작되었다. 한동안은 세계에서 가장 높은 건물을 짓기 위해 각지에서 조금이라도 더 높게 건물을 올리려는 경쟁을 했다. 이런 경쟁 속에서 개발된 기술이 이제는 모듈을 이용하는 건설 방식과 좋은 소재로 건물을 짓는 기술에 결합하면서 또 다른 경지로 발전해 나가고 있다.

미래 시대의 초고층 건물은 에너지를 절약하고 생활을 한층 더 자동화하기 위한 방편으로 지어지고 있다. 170층이 넘는 거대한 건물 속에 학교, 상점, 식당, 사무실, 사람들이 사는 집이 모두 한꺼번에 들어와 있다. 사람들은 자동차를 타고 먼 곳까지 출퇴근을 하거나 물건을 사러 나갈 필요 없이 엘리베이터를 타고 움직이기만 하면 된다. 과거에 이런 건물은 주로 도심지에서 부유한 사람의 편리한 생활을 위해 만들어지는 경우가 많았다. 하지만 미래로 갈수록 큰 건물에 살 곳을 더욱 싸고 많이 지을 수 있게 되면서 경제 사정이 넉넉하지 않은 학생이나 젊은이가 좋아하는 집으로 초고층 건물이 개발되고 있다.

이런 초고층 건물에서는 집을 찾아다니는 것도 훨씬 간편하다.

예전처럼 어느 골목으로 들어가 무슨 색깔 지붕이 있는 집을 찾아 가서 오른쪽에 있는 대문으로 들어가라는 식으로 복잡하게 길을 알려 줄 필요가 없다. 3동 85층 15호라고만 하면 누구나 쉽게 집의 위치를 찾아낸다.

이렇게 집이 배열되어 있으면 로봇이 집을 찾는 것도 훨씬 더 쉬워진다. 상점에서 물건을 배달시키면 배달 로봇은 엘리베이터로 간 뒤에 엘리베이터 조종 컴퓨터에 신호를 보내서 목적지가 있는 층으로 이동한다. 그러고 나면 건물 곳곳에 미리 설치해 놓은 전자 신호기들을 감지해 가면서 빠르게 길을 찾아간다. 건물 구석구석이 로봇이 다니기 좋게 만들어져 있기 때문에, 로봇은 쉽고 정확하게 길을 찾아다니면서도 사람과 부딪히거나 넘어져서 고장 나는 일 없이 안전하게 움직인다. 무거운 물건을 배달해야 할 때도 실수가 없으며 시간도 덜 걸린다.

로봇에게 편리한 초고층 건물은 배달이 편리한 것 말고도, 로봇의 도움이 필요한 모든 일에 유리하다. 응급 환자가 발생했을 때, 소방서에서 구조대가 오기 전에 로봇이 응급처치를 돕기 위해 가장 먼저 달려온다. 범죄가 일어날 위기가 있을 때도 우선 로봇이 달려와서 도움을 준다. 갑자기 집에서 센 힘이 필요하다든지 로봇의 힘을 빌리면 좋을 일이 있을 때도 다목적 로봇을 불러와서 일을 시키기가 간편하다. 하다못해 이사할 때 이삿짐을 옮기는 일도 로봇을 이용하면 훨씬 쉽게 할 수 있다.

하수도 속을 탐험하는
작은 로봇들

이렇게 거대한 초고층 건물을 짓고 관리하는 기술이 발전한 만큼, 한쪽에서는 오래된 건물을 점검하고 수리하는 기술도 같이 발전했다.

20세기에 건설한 고층 건물들은 세월이 흐르면서 점점 낡기 시작했다. 어떤 건물에는 물이 새는 곳이 생기기도 하고, 다른 건물에는 곰팡이가 슬기도 한다. 시간이 더 흐르자 어떤 건물은 벽이 낡아 부스러지고 기울어지거나 무너지는 것을 걱정해야 하는 처지로 변하기도 했다.

이런 건물이 가득한 거대 도시는 20세기에 세계 각지에서 생겨났다. 미래가 올수록 거대한 도시들은 나이가 들어간다. 도시를 이루고 있는 건물이 나이가 들면서 병을 앓는 셈이다. 이런 건물이 겪는 문제를 고치고 예방하는 일은 점점 더 중요해진다. 따라서 미래에는 건물에 대해 연구하는 기술자에게 새 건물을 짓는 일만큼이나, 오래된 건물을 살펴보고 수리하는 작업이 큰 일거리다.

기술자들은 다양한 비파괴 검사 방법을 이용해서 내부를 뜯어보지 않고도 건물이 얼마나 튼튼한지, 약한 곳이 어딘지를 찾아낸다. 사람의 X선 사진을 찍듯이 방사선을 이용해서 벽과 기둥이 튼튼한지 살펴보는 것은 예로부터 사용하던 방법인데, 이를 더 정밀하게 사용한다. 건물이 느끼는 진동을 측정하거나 건물에서 소리가 어떻게 전달되고 반사되는지를 정밀하게 측정하는 등의 방법을 새롭게 개발하기도 한다. 건물 틈이나 수도관 속에 아주 조그마한 로봇을 집어넣어서 로봇이 곳곳을 돌아다니며 문제를 찾도록 조종하기도 한다.

그렇게 해서 건물이 너무 낡아 위험해지기 전에 어디를 어떻게 수리해야 할지 미리미리 알아낸다. 지하 깊숙히 묻힌 하수도관이나 가스 파이프에 문제가 생기면, 사람 대신 로봇을 보내 고치게 한다. 이런 방법으로 20세기에 지은 아주 오래된 건물을 끊임없이 개선하고 개조한다. 그 덕택에 오래된 집도 망가져서 못 쓰게 되기만 하는 것이 아니라, 쓸모 있는 곳으로 변해서 살 곳을 찾는 사람에게 유용하게 쓰이고 있다.

이 모든 기술은 함께 결합되어 인구가 줄어들고 있는 지역을 되살리는 데도 활용되고 있다. 주로 노인들만 살다가 점차 빈집이 생기면서 쇠락해 가고 있는 지역에서 버려진 집을 되살리는 것이다. 망가지고 무너진 집터에 모듈을 이용해 간편하게 새집을 만들어 낸다. 그러면서도, 예전에 남아 있던 집의 개성도 살리기 위해 기존의 기와나 벽돌을 다시 활용해 그에 어울리는 모습을 만들어 내기도 한다. 다시 짓는 집은 멀리서도 로봇이 쉽게 찾아올 수 있고 로봇이 작업하기도 편하도록 꾸민다.

이렇게 해서 새로 생겨난 집은 마을에 다시 정착해서 농사를 짓거나 다른 일을 해보려는 사람이라면 누구나 싼값으로 지낼 수 있는 터전이 된다. 마을 사람을 위한 도서관이나 공장으로 사용되기도 한다. 병원이나 식당이 부족한 마을이라면 병원이나 식당으로 활용된다.

또는 지금 내가 찾아보고 있는 곳처럼, 다른 곳에서 찾아온 사람들이 잠시 머물다 갈 수 있는 호텔이나 별장으로 사용되기도 한다. 로봇이 건물 곳곳을 다니면서 항상 깨끗하게 청소하고 관리하기 때문에 누구든 예약을 하고 찾아가면 바로 이용할 수 있다. 나는 캠핑장 근처에 있는 숙소를 예약하는 데 성공했다. 무너져 내린 목조 주택을 개조해서 지금은 깔끔하게 관리되는 산장으로 되살린 곳이다. 하룻밤을 캠핑으로 보내고 나면, 그다음 날은 샴푸부터 침대 시트까지 모든 것이 산뜻하게 준비되어 있는 별장에서 푹 쉬다 가 올 계획이다.

달 기지와 화성 기지
우주 생활

쇼핑을 시작하기 전에

✗ 달과 화성은 얼마나 멀리 있을까?

지구와 달 사이의 거리는 대략 38만 킬로미터 정도다. 비행기가 날아가는 속도인 시속 900킬로미터로 간다고 가정해 보면 지구에서 출발해 20일 정도를 꾸준히 날아가야 달에 도착할 수 있다. 지구와 화성 사이의 거리는 때에 따라 변하는데 가까워질 때는 대략 5,800만 킬로미터 정도다. 비행기가 날아가는 속도로 간다면 지구에서 출발해 8년이 넘는 시간을 꾸준히 날아가야만 화성에 도착할 수 있다.

✗ MIRIS

2013년 발사된 우리나라 인공위성 과학기술위성 3호에는 MIRIS라고 하는 장비가 실려 있다. 이 장비에는 적외선을 감지하고 분석할 수 있는 부품이 달려 있어서, 지구 바깥에서 우주를 관찰할 수 있다. 특히 적외선 우주배경복사라고 부르는 먼 옛날에 생긴 우주의 희미한 빛을 감지해 우주가 생겨난 지 얼마 되지 않았을 때의 상황을 짐작할 수 있는 자료를 모으는 데 활용했다.

✗ 달로 갈 수 있는 기술은 지금 어디까지 발전했을까?

1969년 미국 우주선 아폴로 11호는 최초로 사람을 달에 착륙시켰다. 한편 기계가 달에 안전하게 착륙한 것은 1966년 2월 소련 우주선 루나 9호가 최초였다. 이후 미국 우주선 서베이어 1호가 1966년 3월 착륙에 성공했다. 세월이 흘러 2013년 12월 중국 우주선 창어嫦娥 3호가 로봇을 달에 착륙시키는 데 성공했다. 2020년까지 사람이나 기계를 달에 안전히 착륙시키는 데 성공한 나라는 미국, 소련, 중국 외에는 없다. 우리나라의 경우 2022년 달까지 날아갈 수 있는 우주선을 발사하고, 2030년 달에 착륙할 수 있는 우주선을 발사한다는 계획을 세우고 있다.

○ ○ ○

물건을 산 사람들이 계산을 마치고 빠져나가는 방향에는 광고판 몇 개와 홍보 행사를 하는 로봇들이 있었다. 우주 비행사 옷을 차려입은 사람 한 명이 로봇 3대와 함께 지나다니는 사람들에게 새로 나온 초음속 비행기에 대해 말하고 있었다.

"저희 회사에서 이번에 새로 도입한 신형 초음속 여객기는 소리가 퍼져 나가는 속도보다도 빨리 날 수 있는 비행기예요. 서울에서 캐나다 밴쿠버까지 두 시간 남짓밖에 안 걸립니다. 이게 다, 신형 우주 로켓에 사용하는 새로운 방식의 엔진을 사용하는 덕분입니다."

옆에서는 로봇 하나가 비행기 모형 2개를 들고 있었다. 하나는 옛날에 나온 콩코드 여객기였고, 다른 하나는 이번에 새로 개발되었다는 초음속 여객기였다. 홍보하는 사람의 목소리가 이어졌다.

"사실 초음속 비행이 그렇게 낯선 기술은 아닙니다. 까마득한 옛날인 1969년에 이미 콩코드라는 초음속 여객기가 유럽에서 개발된 적이 있습니다. 이 비행기는 2003년까지 운항했고 1976년에는 우리나라 김포공항에도 한 번 온 적이 있습니다. 아주 예전에도 하늘을 빠른 속도로 날아다니는 여객기가 있었다는 이야기입니다. 다만 연료를 너무 많이 소모했고 그러다 보니 비행기표가 비쌌습니다. 많은 사람이 탈 수가 없었서 결국 사라지고 말았죠. 생각해 보면 이상하지요. 옛날에는 초음속으로 하늘을 날 수 있었는데, 오히려 시간이 흐르면서 그 기회를 잃어버리게 된 것입니다. 과거가 오히려 더 미래 같았다는 느낌이 들지 않나요?"

거기까지 말했을 때, 로봇이 들고 있던 신형 여객기 모형에 전원을 켜는 듯싶었다. 신형 여객기 모형에 불빛이 들어왔고 비행기가 날아가는 소리도 나오기 시작했다.

"그런데, 이번에 저희 회사의 신형 비행기는 다시 소리보다 빨리 나는 옛날의 꿈을 현실로 가져왔습니다. 이번에는 기술이 발전한 덕에 누구나 한번 타볼 만한 가격으로 초음속 비행이 가능합니다. 여러분 모두 한번 도전해 보시라고, 이번에 저희 회사 비행기를 이용하시는 분께는 다음과 같은 좋은 선물도 드리고 있습니다."

다음 이야기까지 듣고서야, 나는 왜 홍보하는 사람이 우주 비행사 복장을 하고 있는지 알게 되었다.

"3등 상품은 화성 기지에서 기념품으로 가져온 화성 자갈이고요, 2등 상품은 우주 체험 여행권입니다. 그리고 1등, 단 한 명에게 달 기지 여행권을 주고 있습니다."

곧 로봇은 뒤에 있는 광고판을 가리켰다. 광고판에는 달에 간 사람들이 살고 있는 달 기지 모습이 나왔다. 이제 점차 익숙해지고 있는 풍경이지만 한편으로는 볼 때마다 신기한 모습이기도 하다.

달나라에서 사는
사람들

사람이 달에 가는 일은 1969년에 처음 이루어졌다. 하지만 이후 21세기 초반까지 수십 년간 중단되었다. 1960년대 말과 1970년대 초, 가끔 사람이 로켓을 타고 달에 가서 이것저것을 관찰해 보고 돌아오는 시대가 이어지기는 했지만 곧 끝이 났고, 달에 가는 사람들의 발길은 끊어졌다. 1980년대, 1990년대, 2010년대, 2020년대 까지, 긴 세월 동안 사람이 달에 가본다는 미래스러운 일은 오히려 1960년대와 1970년대라는 과거에 펼쳐진 추억이었다.

그러던 것이 더 싸고 안전한 로켓 기술이 나오면서 점차 변화해 가고 있다. 바이오 연료 같은 기술의 발전으로 전체적으로 자원이 풍족하고 값이 싸지고 있다. 성능이 뛰어난 로켓을 만드는 것이 쉬워지고 있다. 한편으로 나노 기술의 발전과 함께 우주선을 튼튼하고 가볍게 만들고 성능이 뛰어난 컴퓨터로 쉽고 안전하게 로켓을 점검하고 조종하는 일도 가능해지는 상황이다.

그러면서 사람들의 관심은 다시 한번 우주로 쏠렸다. 여러 나라와 기업이 자신들의 과학기술 수준을 과시하려는 수단으로 우주 개발을 자랑하면서, 지구에서 발사한 사람을 태운 우주선들이 참으로 오래간만에 달에 도착하고 있다.

달은 그다지 멀지 않은 곳에 있으며, 지구에서 거의 항상 밤마다 모습을 볼 수 있는 커다란 위성이다. 사람이 우주로 나가서 들러

보기에 달만큼 좋은 곳이 없다. 1969년, 아폴로 11호가 역사상 최초로 달에 갈 때도 2박 3일이면 충분했다. 그리고 지금은 그 옛날 이루어진 탐사 덕택에 달에 무엇이 있고, 도착해서 주위를 둘러보면 어떨지도 아주 잘 알게 되었다.

그렇기 때문에 사람들이 달에서 오래도록 살기 위해서는 어떻게 해야 하는지 그 방법을 개발하는 것도 도전할 만한 문제다. 기술자들은 달의 온도, 기압, 달에 있는 흙 성분이 무엇인지 알기 때문에 그것과 똑같은 것을 지구에서 가짜로 만들어 두고, 달에 가기 전에 미리 실험을 충분히 해볼 수 있다. 예를 들어서, 달에 사람이 사는 집을 만들기 위해 달에 있는 흙으로 벽돌을 굽는다면, 어떤 장비를 가지고 어떻게 공사를 해야 하는지 지구에서 충분히 실험해 본다. 이런 실험은 달에 사람을 보내서 오래 지내도록 하는 데 꼭 필요한 기술을 만드는 일이면서도, 군이 막대한 비용을 들이지 않고도 지구에서 연구할 수 있는 일이다. 최첨단 로켓을 만들어 발사하지 않으면서 달을 개발하기 위한 우주 기술 개발에 꼭 필요한 연구를 할 수 있다. 그렇기 때문에, 당장 우주와 로켓에 대한 기술을 많이 갖고 있지 못한 나라도 도전할 수 있다.

비슷하게, 기술자들은 달에서 물자를 재활용하는 방법을 지상에서 연구한다. 달에서 사람이 오랫동안 살기 위해서는 사람이 살면서 버리는 온갖 쓰레기를 다시 자원으로 쓸 수 있도록 재활용해야 한다. 음식물 찌꺼기를 비료로 바꾼 뒤에 거기에서 다시 농작물을 자라나게 해서 식재료를 만드는 일을 해야 한다. 더러워진 물을 깨끗한 물로 걸러 내거나, 오염된 공기를 깨끗하게 만드는 기술도 있어야 한다. 만약 이런 기술이 없다면, 사람이 사는 동안 지구에서 계속 물과 음식을 로켓으로 쏘아 주어야 한다. 그래서는 너무 많은 비용이 든다.

그렇기 때문에 지구에서 미리 달과 같은 상황을 꾸며 놓고 자원을 재활용하는 기술을 개발한다. 이런 기술을 개발하는 것도 엄청난 비용을 들여서 직접 로켓을 쏘지 않고도 우주를 개척하는 기술을 만들어 나가는 연구다.

더군다나 이런 연구는 진행되면서 지구의 쓰레기 문제를 재활용 기술로 해결하는 데 도움이 될 수도 있다. 지구의 자연을 보호하기 위한 연구와 달에서 사람을 살 수 있게 하는 연구, 두 가지를 함께 진행할 수 있다는 이야기다. 그리하여 사람들은 어떤 식물이나 세균을 가져가서 기르는 것이 가장 편하고 잘 자라는지, 혹은 어떤 곤충이나 벌레를 키우는 것이 도움이 될지를 연구한다. 스마트 농장 기술을 이용한 수직 농장 장치 중 작은 통 속에서 채소와 과일을 길러서 먹는 기술을 발전시켜서, 달 기지의 실내 공간에서 식물을 기르는 방법을 개발하기도 한다. 불꽃을 뿜고 날아가는 커다란 로켓을 만드는 일 못지않게, 이 모든 다양한 분야의 연구 성과로 달에서 사람들이 살 수 있게 된다.

덕분에 미래에는 제법 여러 사람이 달에서 집을 짓고 살고 있다. 그러나 달에는 공기가 없고 그 때문에 온도가 추울 때는 영하

180도 가까이 떨어졌다가 더울 때는 영상 127도까지 높아진다. 게다가 몸에 해로운 방사선이 하늘에서 마구 내려 쪼이기도 한다. 그러니 사람들이 평범한 집에서 살 수는 없으며, 마치 잠수함을 땅위에 올려놓은 것 같은 시설을 만들어 두고 그 안에서 숨어 지내고있다. 집을 보호하기 위해 달의 흙을 퍼서 두텁게 쌓아 두기도 한다. 이런 형편이니, 달을 돌아다니며 여러 일을 하는 것은 대부분 정교하게 사람 일을 대신할 수 있는 로봇들이다. 머나먼 달까지 와서 지내면서도 사람들이 달을 직접 걸어 다니며 할 수 있는 일은 별로 많지 않다.

그런데도 사람들은 달 기지를 부지런히 지어 놓고 튼실하게 유지하고 있다. 달이 몇 가지 용도로 쓸모가 많기 때문이다.

우선, 달에는 공기가 없기 때문에 구름도 없고 폭풍도 없어서 하늘 바깥 우주를 관찰하기가 좋다. 한국의 MIRIS나 미국의 허블우주망원경 같은 장비처럼 우주선이나 인공위성을 띄워서 우주를 관찰하는 방법도 있기는 하다. 그렇지만 우주를 관찰하는 장치 옆에 사람이 살고 있으면서 관측 장치를 조종할 수 있다면 문제가 생길 때 수리하기도 좋고, 좋은 생각이 떠오를 때마다 장치를 개조하기도 좋다. 달 기지에 있는 관측 시설은 이런 점에서 쓸모가 많다. 이렇게 우주를 관찰하면서 우주에 대해 더 많은 것을 알아낼 수 있고, 우리가 사는 지구에 무슨 문제가 있지는 않은지, 과학 발전을 위한 또 다른 생각은 무엇이 있을지도 깊이 생각해 볼 수 있다.

또 달 기지에서는 달과 지구의 흙과 땅속, 달과 지구의 모양과 구조를 갖가지로 비교해 보는 연구를 하기에도 편리하다. 이런 연구를 하면서 사람들은 먼 옛날 도대체 어떻게 달과 지구가 생겨났는지, 우리가 사는 지구는 어떤 성질을 갖고 있고 그 내부는 어떻게 생겼는지 짐작해 볼 수 있다. 어떤 사람들은 지구보다 달에 훨씬 많다는 헬륨3라는 물질이 원자력을 이용하는 새로운 방식인 핵융합 에너지를 뿜어내는 재료로 쓰기에 매우 유용할 거라고 생각하고 있다. 만약 이런 에너지를 사용하는 기술이 정말로 쓰기 좋게 완성된다면, 전기를 만들어 내기 위해 헬륨3를 캐내서 지구로 보내는 달 광산을 만들게 될지도 모른다.

달은 먼 우주로
나아갈 수 있는 항구

그러나 무엇보다도 달에 기지를 짓고 사람을 보내는 중요한 이유가 따로 있다. 바로 달이 더 먼 우주로 나아가기 위한 항구 역할을 하기 때문이다. 이것은 달이 두 가지 재미있는 특징을 갖고 있다는 사실과 연결되어 있다.

그 첫 번째는 달은 크기가 작고 가벼워서 중력이 약하다는 점이다. 중력은 무거운 물체일수록 서로 강하게 끌어당기는 성질을 말한다. 사람이 몸무게를 느끼는 것이나 돌멩이를 던지면 바닥으로 떨어지는 것은 지구가 아주 무거운 물체라서 그만큼 강하게 사람의 몸과 돌멩이를 지구 쪽으로 끌어당기기 때문이다. 바로 이 중력 때문에 사람이 하늘을 나는 것이 힘들고, 로켓을 우주로 발사하는 것도 힘들다. 커다란 로켓이 무게를 이겨내고 빠른 속도로 먼 우주를 향해 나아가려면 막대한 연료를 모아 터뜨려야만 한다.

문제는 빠른 속도로 무거운 로켓을 실어 보내기 위해서는 연료를 많이 넣어야 하는데, 연료를 많이 넣으면 그만큼 로켓 전체가 무거워진다는 점이다. 그러면 무게 때문에 연료를 더 많이 넣어야 하고, 많이 넣은 연료 때문에 로켓이 또 무거워진다.

이런 악순환 때문에 아주 작은 것을 우주로 보내기 위해서도 로켓이 굉장히 많은 연료를 싣고 그것을 한 번에 강하게 터뜨려 소모하는 수밖에 없다. 예를 들어, 우리나라 최초의 우주 발사체인 나로호 로켓의 경우 고작 100킬로그램 무게의 인공위성을 발사하는 것이 목적이었지만 그것을 위해 무려 130톤에 가까운 연료와 산소를 태워 없애야 했다. 그에 비해 승용차는 300킬로그램에서 500킬로그램쯤의 무게는 거뜬히 잘 싣고 다니지만, 연료통에 들어가는 휘발유의 양은 50킬로그램도 채 되지 않는 경우가 많다. 이렇게 비교해 보면 로켓에 얼마나 연료를 많이 담아야 하는지 알 수 있다.

그런데 달은 지구보다 훨씬 가볍다. 그렇기 때문에 중력도 지구의 6분의 1밖에 되지 않는다. 지구보다 훨씬 적은 연료만으로도 우주를 향해 우주선을 보낼 수 있다. 처음 달에 도착한 아폴로 11호의 경우, 지구에서 우주로 나갈 때는 30층 빌딩 높이에 가까운 110미터 길이의 거대한 새턴 5호 로켓을 사용해서 날아가야 했지만, 돌아오기 위해 달에서 우주로 나갈 때는 10미터 정도 높이의 달 착륙선을 그 절반 정도만 사용하는 것으로도 충분했다. 그만큼 달에서 우주로 가는 것은 편하다.

두번째로, 달에는 우주로 우주선을 보내기 위한 연료 재료도 있다. 달의 극지방에는 얼음이 얼어붙어 있는 곳이 있다고 한다. 전기만 있다면, 이 얼음을 전기 분해해 산소와 수소를 뽑아낼 수 있다. 산소와 수소가 있다면 이것을 연료로 집어넣어 로켓을 우주로 멀리 보낼 수 있다.

수소를 연료로 이용하는 기술과 여러 가지 방법으로 수소를 뽑아내는 기술은 다양하게 개발되고 있다. 특히 2020년대부터 우리나라 자동차 회사들도 자동차를 수소로 움직이는 기술을 빠르게 발전시키고 있다. 쉽게 구할 수만 있다면 수소는 깨끗하고 힘이 좋은 연료다. 자동차를 움직이기 위해 수소를 활용하는 기술을 개발해 나가면서, 수소를 만들고 저장하고 응용하는 기술을 잘 발전시켜 놓는다면, 달 기지에서 수소를 뽑아내서 로켓 연료를 충전하는 데도 쓸 수 있을지 모른다.

이렇게 되면, 사람들은 우주로 나아가기 힘든 지구에서 바로 한 번에 먼 곳으로 가는 것이 아니라, 달을 거쳐서 우주를 탐험할 것이다. 먼 우주로 가려는 사람들은 우선 모두 가까운 달 기지로 간다. 그리고 달 기지에서 달에서 구한 수소 연료를 꽉꽉 채워 넣은 거대한 연료통을 합체시킨다. 그렇게 해서 더 먼 곳으로 갈 준비를 마친 후 달에서 다시 최종 목적지로 로켓을 발사한다. 중력이 지구의 6분의 1밖에 되지 않는 달에서 출발해 화성으로, 목성으로, 토성으로, 더 머나먼 우주로 멀리멀리 날아갈 수 있게 된다는 뜻이다.

달이 이렇게 중요한 곳이 되자, 여러 나라에서는 달에 있는 자기 나라의 시설과 기지를 보호하기 위해 달에 수비대와 군 부대를 보내게 되기도 했다. 들리는 소문으로 어떤 나라는 지구에서는 아무리 봐도 볼 수 없는 달의 뒷면에 비밀 기지를 만들어 놓았다고 한다. 혹시나 무슨 일이 일어나 나라가 멸망의 위기에 처한다고 하더라도 달 뒷면 비밀 기지에 나라를 구할 수 있는 마지막 무기 같은 것을 숨겨 둔다는 이야기다.

그렇다 보니, 우리나라에서도 달 기지에 작은 규모의 경비 부대를 보내 놓고 있다. 달 기지에서 생활하는 것은 고달픈 일이고, 경비 부대에서 지내기 위해 배워야 하고 알아야 하는 것도 많기 때문에 공부도 많이 해야 한다고 한다. 그렇지만 달 기지에서 지내는 일을 멋진 모험이라고 생각하는 사람이 많기 때문에, 군 복무 장소로 달 기지는 항상 최고의 인기다. 대한민국의 젊은 남녀가 군대에 자원 입대하는 것이 달 기지 복무에 지원하기 위해서라는 말이 있을 정도다.

화성의 사막을
꽃밭으로 바꾸기

달 기지를 발판으로 해서 사람들이 진출하고 있는 다음 목표는 예로부터 지구와 가장 비슷한 행성으로 부르던 화성이다.

화성에서 사는 것도 시작은 달과 비슷하다. 사람이 숨을 쉴 수 없고 너무 추운 것은 달과 매한가지다. 우주 밖에서 내려 쪼이는 방사선이 강하다는 점도 문제다. 화성 역시 잠수함 같아 보이는 튼튼한 집을 짓고 그 안에서만 지내거나, 아니면 땅속에 굴을 파고 들어가 살면서 개척해야 하는 곳이다.

그러나 화성에는 지구보다는 훨씬 희박하지만 공기가 있다. 그리고 지구의 땅에 비해서는 형편없지만 그래도 달보다는 화성의 흙이 지구에 조금 더 가까운 느낌이다. 화성에는 물뿐만 아니라 이산화탄소와 질소 같은 물질도 그런대로 조금은 있다. 그 말인즉, 화성에서는 잘만 하면 농사를 제대로 지을 수 있을지도 모른다.

처음에는 곡식이나 과일나무 대신, 어디서나 잘 자라는 세균 같은 것으로 농사를 시작해야 할 수도 있다. 그러나 그렇게 해서 조금씩 화성의 땅을 비옥하게 만드는 데 성공하면 다음 단계로 나아갈 수 있다. 지구에서 기후변화를 이겨내기 위해 메마른 사막에서도 식물을 키워내는 기술을 개발하는데, 이 기술을 조금 더 가다듬어 활용한다면 화성의 척박한 땅에서도 이것저것 식물을 자라나게 할 수 있을지도 모른다. 만약 식물만 잘 자라나게 할 수 있다면,

그 식물이 광합성을 하면서 산소를 만들어 낼 것이고 식물의 몸은 불을 지펴 주변을 따뜻하게 만드는 땔감이 될 것이다. 그 식물을 갉아 먹고 사는 동물을 키우는 일도 할 수 있을지 모른다.

만약 이렇게만 된다면 화성은 사람이 살 만한 곳으로 점차 변해 갈 것이다. 그러니 화성에서는 춥고 햇빛이 잘 들지 않는 혹독한 환경에서 잘 자라는 식물이면 무엇이든 굉장히 소중한 자원이다. 가장 아름다운 꽃이나 몸에 좋다는 약초보다도, 아무 데서나 잘 자랄 수 있는 생명력이 강한 잡초야말로 화성에서는 가장 소중한 식물이다.

이런 식으로 우주를 개발하고 달과 화성을 개척하는 일은 온갖 다양한 분야에서 개발하던 기술들을 다 함께 활용해야 하는 문제이기도 하다. 반대로 달과 화성을 개척하기 위해 여러 가지 기술을 개발하다 보면, 그 과정에서 지구의 재활용 문제, 기후변화 문제, 수소 자동차를 개선할 수 있는 여러 가지 기술을 만들어 나가는 데에도 같이 도움이 될 수 있다.

화성에 건설된 기지가 점점 커져서 마침내 사람들이 많이 건너가 살 수 있을 정도로 식물이 울창하게 자라나는 곳이 된다면, 나중에 지구에서 계속해서 물자를 보내주지 않아도 사람들이 살아갈 수 있는 곳으로 발전하게 될지도 모른다. 그렇다면 화성은 사람이 오래오래 살 수 있는 두 번째 고향이 될 것이다. 지구의 수십억 년 역사 동안 거대한 화산 폭발이나 소행성의 충돌 같은 재난이 일어난 적이 있었다. 이런 사고들 때문에 지구에서는 갑작스레 수많은 생명체가 살아남지 못하고 사라져 버리곤 했다. 그런 거대한 재난이 먼 미래에 또 일어난다면, 화성은 지구 사람들이 버텨 나갈 수 있는 피난처 역할을 할 것이다.

얼마 전에는 달 기지에서 처음 아기가 태어났다는 이야기도 들려왔다. 고향을 달이라고 말할 수 있는 첫 번째 세대가 시작되고 있다는 뜻이다. 달을 발판으로 사람들이 화성으로 건너오면서, 이제 사람이라면 항상 지구에서만 살아가야 하는 시대가 지났고 지구 바깥에서도 살아가는 시대도 차차 시작되고 있다. 사람이 사는 터전이 우주로 넓어지면서 더욱 먼 곳, 또 다른 새 세상을 향해 사람들은 도전하고 있다.

외계인에게 보내는 편지
태양계 바깥 탐사

쇼핑을 시작하기 전에

× 태양계는 무엇이고 은하계는 무엇인가?

밤하늘에 보이는 별은 가까이 다가가서 본다면 태양처럼 강한 빛과 열을 내뿜고 있다. 그 거리가 너무 멀어서 지구에서는 작은 빛으로 보일 뿐이다. 태양계는 태양 근처의 지구, 금성, 화성 같은 행성, 소행성, 혜성 등이 모여 있는 지역을 일컫는다. 태양과 별들은 우주 전체에서 보면 끼리끼리 무리 지어 있는데, 이렇게 모여 있는 것을 은하계라고 한다. 은하계에는 수십억, 수천억 개의 별이 모여 있다. 그리고 우주에는 그런 은하계가 아주 많이 있다.

× 켄타우루스자리 알파별은 얼마나 가까이 있나?

우리 태양이 속해 있는 은하계에서 켄타우루스자리 알파별α Centauri이라고 부르는 별은 가까이에 이웃해 있는 편이다. 별 중에서는 지구와 떨어진 거리가 매우 가까운 축에 속한다. 그러나 가깝다고 해도 위치는 지구에서 약 41조 킬로미터 떨어진 곳이라서, 만약 시속 900킬로미터 정도인 여객기로 간다면 이 별까지 가는 데 524만 년이 걸린다.

× 우주선 기술은 지금 어디까지 발전했을까?

먼 우주로 날아가는 방법으로 원자력 로켓, 솔라 세일solar sail 우주선, 이온 엔진ion engine 우주선이 손꼽힌다. 원자력 로켓은 아직 실험이 이루어진 적이 없다. 2010년 발사된 일본의 이카로스는 솔라 세일 우주선 기술을 이용해 금성 주위까지 날아가는 데 성공했다. 1998년 발사된 미국의 딥스페이스 1호는 이온 엔진을 달고 있었으며 태양계의 소행성과 혜성 주위를 관찰했다.

상점의 출구 쪽에 오니 엽서를 써서 보낼 수 있는 곳이 마련되어 있다. 엽서를 써서 편지함에 담을 수도 있고, 화면을 눌러 컴퓨터로 한두 마디 말을 전송하게 되어 있기도 했다. 며칠 후 발사되는 알파별 탐사 우주선의 컴퓨터에 담을 이야기를 여러 사람으로부터 받기 위해 만든 장치다. 요즘 사람이 많은 곳이면 어디서든 볼 수 있었다.

이 장치를 통해 사람들이 하고 싶은 말을 입력하거나 엽서로 써서 보내면, 우주선은 그 많은 말을 기억시킨 컴퓨터를 싣고 지구를 떠나 켄타우루스자리 알파별이라고 하는 별까지 날아갈 예정이다.

밤하늘의 별은
얼마나 가까이에 있나

넓디넓은 우주에 있는 수많은 별은 주로 덩어리지어 뭉쳐진 경우가 많다. 그렇게 뭉쳐 있는 커다란 덩어리를 은하계라고 한다.

태양도 다른 별들과 함께 덩어리지어 있는데, 태양이 속해 있는 은하계에 무리지어 있는 별들의 숫자는 1,000억 개 이상이라고들 한다. 지구에 사는 우리들이 밤하늘에서 눈으로 보는 별들은 거의 대부분 태양이 속해 있는 우리 은하계에 같이 모여 있는 별이다.

우리 은하계에 있는 1,000억 개의 별 중에 가까이 있는 것들, 밝은 것들이 눈에 뜨여 하늘에서 반짝이는 모습으로 보이는 것이다.

우리 은하계의 별들 중에는 가까이 가서 보면 태양과 같은 것도 분명히 있을 것이다. 그러면 그중에서 태양과 비슷한 것은 몇 개나 될까? 그리고 태양 옆에 태양을 도는 지구가 있듯이, 우리 은하계의 태양을 닮은 별 중에 마치 지구 같은 행성이 그 주위를 돌고 있는 것은 몇 개나 될까? 우리 은하계의 별들을 하나하나 들여다본다고 치면, 과연 지구와 비슷한 곳이 몇 군데나 있을까?

정확하게 알아내기란 쉽지 않은 일이다. 이렇게 멀리 떨어져 있는 별에 행성이 딸려 있는지, 그 행성이 어떤 곳인지 살펴보려면 별의 별빛이 어떻게 바뀌는지를 섬세하게 측정해서 많은 계산을 통해 추측해 보아야 한다. 분석해 본 결과 별빛이 미세하게 바뀐 이유가 별 주위를 돌아다니는 행성이 있기 때문이라는 결론이 나오면, 다시 어떤 행성이길래 별빛이 그렇게 바뀌었는지를 계산해야 한다.

이런 계산은 바다 건너 이웃나라의 등대 불빛을 보면서 혹시 등대 주변에 어떤 나비가 날아다니고 있는지를 추측해 보는 것보다도 더 어렴풋한 추측이다. 계산하기도 쉽지 않지만, 열심히 계산해도 정확하게 알기 어렵다.

2020년 여름, 캐나다의 브리티시컬럼비아대학 연구팀은 자신들의 추산으로는 우리 은하계의 별 중에서 그나마 지구와 비슷할 가능성이 높은 곳은 대략 60억 개 정도가 아닐까 싶다는 결과를 발표했다. 이렇게 보면, 우리 은하계에 지구 같은 행성도 상당히 흔한 것같이 보인다. 태양계 안에서는 사람이 살 수 있는 곳이 지구뿐이니까 지구가 아주 귀하고 소중한 것 같지만, 태양계 바깥으로 나아가서 다른 별이 있는 곳을 모조리 둘러보면 지구와 비슷한 곳도 제법 흔하다는 이야기처럼 들릴지도 모르겠다.

그렇지만 정말 그런지 어떤지는 알 수 없다. 이 계산은 은하계에 사람이 맨몸으로 살 수 있는 행성이 60억 개가 있다는 뜻은 전혀 아니다. 여기에서 지구와 비슷할 가능성이 있는 행성이라는 것은 우주의 수많은 행성 중에서 그나마 지구와 닮은 축에 속한다는 뜻이다.

즉, 온갖 혹독한 곳이 많은 우주의 기준으로 치면 화성이나 금성조차도 지구와 무척 닮은 행성이다. 그러나 화성은 숨 쉴 산소조차 없는, 춥고 메마른 땅만 많은 곳일 뿐이다. 금성은 그보다 더해서 숨을 쉬고 어쩌고 하기도 전에 지면 온도가 수백 도에 달할 만큼 높아서 모든 것이 지글지글 녹아내린다. 화성과 금성은 우주 기준에서는 지구와 비슷하지만, 사람이 맨몸으로 살 수 있는 곳과는 거리가 멀다. 지구와 비슷한 행성 60억 개 중에 40억 개는 화성과 비슷한 곳이고 20억 개는 금성과 비슷한 곳이라면 정작 사람이 살 만한 곳은 하나도 없을 수도 있다.

별 주변이 정말 어떤 곳인지 좀 더 정확히 알아낼 수 있는 방법은 없을까? 가까이에 우주선을 보내서 관찰해 보는 방법이 무엇보다 확실하고 좋을 것이다. 바로 그런 이유로 사람들은 태양계 바깥의 머나먼 다른 별에도 우주선을 보내는 방법을 개발하고 있다. 태양계에는 사람이 살기 좋은 곳이 지구밖에 없지만, 혹시 태양계 바깥, 태양 대신 다른 별이 빛나는 곳에는 제법 사람이 살 만한 곳이 있을지 누가 아는가? 그리고 지구와 정말 비슷한 곳이 있다면, 혹시 외계인이 살고 있는 곳도 있을까?

문제는 태양계 바깥의 별은 멀어도 너무 멀리 떨어져 있다는 점이다. 그나마 지구에서 가장 가까운 축에 속하는 태양계 바깥의 별 중에 켄타우루스자리 알파별이 있다. 이 별은 별자리 중에서는 켄타우루스자리에 속한다. 한 별자리에 속하는 별 중에 대체로 가장 밝게 보이는 별을 알파별이라고 부르는데, 이 별 역시 켄타우루스자리에서 가장 밝게 보인다. 그래서 켄타우루스자리 알파별이라는 이름이 붙었다. 켄타우루스자리는 그리스 신화에 나오는 반은 말이고 반은 사람 모양인 괴물 형태로 되어 있는 별자리인데, 별자리 그림을 그리면 말에서 발 위치에 해당하는 별이 켄타우루스자리 알파별이다. 이 별은 너무 남쪽 하늘에 뜨는 별이라 한국에서는 볼 수 없다.

그런데 지구에서 가장 가깝다고 하는 켄타우루스자리 알파별만 하더라도 그 거리가 4광년이 넘는다. 4광년이면 40조 킬로미터에 가까운 거리다. 이렇게 어마어마한 거리라면, 나로호 같은 로켓이 최대 속도로 날아간다고 해도 도착하는 데만 몇만 년, 몇십만 년이 걸린다. 나로호가 발사한 인공위성의 속도가 초속 8킬로미터 정도라고 하는데, 만약 그 정도 속도로 계속해서 켄타우루스 알파 별로 날아간다면 16만 3,761년 정도가 지나야 우주선이 도착한다. 세상에 처음 사람 비슷한 동물이 나타났던 먼 옛날에 용케 우주선을 보냈다 쳐도, 잘해야 2020년대쯤이 되어서야 우주선이 도착했다는 소식이 들릴지 말지 하는 정도라는 이야기다.

사실 그 긴긴 세월 동안 우주선이 날아가야 한다면 도착할 무렵에 제대로 동작할 가능성도 낮다. 고려 시대에 만든 임금의 무덤들을 보면 영원히 잊히지 말라는 뜻에서 비석을 만들고 돌에 표시를 새겨 놓았지만, 고작 1,000년이 지나는 사이에 망가져서 뭐가 뭔지도 모르게 되어 버린 것들이 많다. 돌덩어리로 만든 비석도 그 모양인데, 정교한 우주선을 어떻게 몇만 년 동안 고장 나지 않도록 유지할 수 있을까?

몇몇 사람은 그래도 태양계 밖 다른 별을 향해 인류와 지구의 흔적을 담은 무엇인가를 보내는 일이 의미 있다고 주장하기도 했다. 정교하게 움직이는 기계를 몇만 년 동안 동작하게 하기는 어렵겠지만, 지구에 대해 무엇인가를 알려 줄 수 있는 간단한 그림을 황금이나 백금같이 잘 변하지 않는 물체에 새겨 놓는다면 몇만 년 정도는 버틸 수 있다.

지구의 역사에서 공룡의 시대는 1억 년 이상 지속되었다고 한다. 만약 지구에서 사람이라는 종족이 살 수 있는 기간이 그 정도라고 하면 사람이 지구에 남아 있는 동안 우주 곳곳의 별에 그 흔적을 보내 볼 수는 있다. 심지어 어떤 사람은 몇천 년, 몇만 년 동안 보존할 수 있을 만한 세균을 냉동해서 다른 별이 있는 곳에 보낸다면 그 근처의 괜찮은 행성에 세균이 착륙해서 퍼질 수 있지 않겠냐는 생각을 한 적도 있다. 만약 그렇게 한다면 사람이 직접 다른 별에 있는 외계 행성에 간 것은 아니지만, 사람 덕택에 지구의 생명체가 머나먼 행성에도 퍼지게 된다.

물론 태양계 바깥의 행성에서 살아남을 수 있는 세균을 찾아내기도 힘든 일이고, 어디에 있을지도 알 수 없는 먼 행성에 정확히 세균을 보낸다는 것은 극히 어려운 일이다. 그뿐만 아니라, 그런 일이 가능하다고 해도 무엇이 있는지도 모르는 먼 곳의 행성에 인간 마음대로 지구 세균을 보내는 것이 과연 옳은 일인가 하는 점도 심각하게 고민해 볼 문제다. 입장을 바꿔서 생각해 보자. 10만 년 전에 어느 다른 행성의 외계인들이 지구를 향해 듣도 보도 못한 외계 행성의 세균을 보내서 그것이 지구에 퍼져 나간다면, 지구의 생명체에게는 굉장히 위험스러운 일이 될지도 모른다.

그렇다면 역시 가장 먼저 생각해 볼 수 있는 일은 일단 그곳을 조사해 보고 관찰해 보는 탐사 우주선을 보내는 일이다.

어떻게 다른 별까지
갈 수 있을까

그리고, 조금 더 발전된 미래의 기술을 이용한다면 몇만 년이 아니라 훨씬 짧은 시간에 우주선을 태양계 바깥의 별까지 보내는 것도 가능하다. 예를 들어서 우리가 사용해 왔던 것과는 다른 방식의 우주선을 이용할 수 있다.

가장 먼저 생각해 볼 만한 방법은 원자력을 이용하는 우주선이다. 현재 우리가 이용하는 우주선들은 대부분 폭발하는 화학반응을 이용하는 방식이다. 이것은 화약이나 화염병에 불을 붙여서 터뜨리는 힘으로 로켓을 움직이는 원리라고 할 수 있겠다. 나로호의 2단 로켓만 해도 그 추진기관을 만들 때 화약 개발에 경험이 많은 회사에서 제작을 맡기도 했다. 나로호의 2단 로켓을 작동시킬 때는 실제로 화약 성분과 비슷한 역할을 하는 과산화암모늄을 활용하기도 했는데, 2006년 3월에는 지상에서 실험을 하던 중 커다란 폭발 사고가 나는 바람에 많은 사람이 놀란 일도 있었다.

그런데 보통 화약을 이용한 폭탄보다 원자폭탄이 훨씬 강력하듯이, 우주에서 보통 연료 대신 원자폭탄이 폭발하는 힘을 이용한다면 로켓을 훨씬 빠르게 날릴 수 있을 거라는 생각을 해볼 수 있다.

만약 사람이 타고 날아가는 로켓이라면 폭발이나 위험한 방사능을 걱정해야 할 수도 있겠지만, 로봇만 타고 있거나 컴퓨터로 자동 작동되는 탐사 우주선은 위험에 대한 걱정도 줄어든다. 지구에서 원자폭탄의 원리를 이용하는 로켓을 발사한다면 주변에 피해를 줄 위험을 고려해야 한다는 문제가 있기는 하다. 그러나 달이나 화성에는 애초부터 우주에서 방사선이 마구 쏟아지니 여기에서 원자력 로켓을 조립해서 발사한다면 주변에 피해를 끼칠 위험도 적어진다.

사람들이 전쟁을 준비하면서 원자폭탄을 만드는 기술이나 원자폭탄의 폭발 형태에 대해서 이미 굉장히 많은 연구를 해놓았다는 것도 원자력 로켓의 장점이다. 전쟁이 터졌을 때 상대방의 도시를 파괴하기 위해서 쌓아 놓았던 원자폭탄 재료를 이용해서, 이제는 세상 사람 모두를 위한 목적으로 다른 별을 탐험하는 데 사용할 수 있다는 뜻이다.

이런 방식의 원자력 로켓이 갖고 있는 한 가지 문제는 1960년대에 우주에서 핵 실험을 하지 않기로 이미 여러 나라가 협정을 맺었다는 점이다. 그렇기 때문에, 원자폭탄의 원리가 아닌 원자력 발전의 원리를 이용하는 다른 방식의 원자력 로켓을 쓰는 것이 더 좋을 수도 있다. 예를 들어서 원자폭탄처럼 단숨에 폭발을 일으키는 것이 아니라, 원자력 발전소처럼 천천히 오랫동안 뜨거운 열을 일으키는 원자로라는 기계를 로켓에 실어 두는 것이다. 그리고 이 원자로의 열을 이용해서 압축해 놓은 기체를 끓어오르게 하고 마치 김을 내뿜듯이 움직이게 하면, 그 힘으로 로켓은 빠르게 날아갈 수 있다.

원자로를 이용하는 로켓은 원자폭탄의 원리를 이용하는 방식보다는 아마 더 복잡하고 느릴지도 모른다. 하지만 원자력 발전소가 조금의 재료로도 아주 강력한 힘을 오랫동안 낼 수 있듯이, 원자로를 이용하는 로켓도 잘만 하면 보통 로켓보다 훨씬 오래 힘을 낼 것이다. 어쩌면 켄타우르스자리 알파별까지 가는 데 걸리는 시간을 몇만 년이 아니라 몇백 년, 몇십 년으로 줄일 수 있을지도 모른다.

두 번째로 생각해 볼 수 있는 방법은 태양이나 별빛의 힘을 이용하는 솔라 세일 방식이다. 솔라 세일은 태양이나 별이 내뿜는 방사선이 물질에 닿으면 그 물질을 아주 약하게 밀어내는 힘을 갖는 것을 이용하는 방식이다. 그래서 마치 돛단배가 바람의 힘을 받아 앞으로 나아가듯이, 태양의 방사선을 받는 커다란 판을 단 작은 우주선이 그 힘을 받아 날아간다.

솔라 세일 방식의 장점 한 가지는 원자력 로켓에 비해서는 훨씬 간단하고 덜 위험한 방법으로 로켓을 움직일 수 있다는 것이다. 그리고 그보다 더 큰 장점으로 바깥에서 날아오는 방사선에서 힘을 얻는다는 점을 꼽을 수 있다. 즉, 솔라 세일은 힘을 낼 재료를 로켓 안에 담고 있지 않고 바깥에서 계속 힘을 받는 방식이다.

그렇기 때문에 솔라 세일은 로켓의 핵심 부품을 작고 가볍게 만들 수 있다. 커다란 연료통을 달고 무겁게 갈 필요가 없다. 그 때문에 로켓은 간편해진다. 어쩌면 솔라 세일 우주선은 원자력 로켓보다 더 실용적인 방식인지도 모른다. 솔라 세일 우주선은 이미 2010년대에 실용화된 적도 있다. 이때 실험한 것은 아주 작은 크기라서 태양계 안에서만 움직이는 간단한 버전이기는 했지만, 만약 훨씬 커다란 크기로 개량한 솔라 세일 우주선을 만든다면 태양계 바깥 별까지도 제법 빨리 갈 수 있을지도 모른다.

게다가 솔라 세일은 그저 햇빛이나 별빛만 받아서 날아갈 뿐만 아니라 필요하다면 사람이 인공적으로 방사선을 쏘아 세게 밀어 줄 수도 있다.

이것은 돛단배를 빨리 가게 하기 위해서 배 바깥에서 아주 강력하고 커다란 선풍기로 바람을 보내 주는 것과 비슷하다고 생각하면 된다. 솔라 세일 우주선을 밀어 줄 때는 선풍기 대신에 강력한 레이저빔을 쏠 수 있는 기계를 어딘가에 만들어 놓고 그 레이저빔을 우주선에 발사하는 방식을 쓸 수 있을 것이다. 만약, 달이나 화성에 강력한 에너지를 낼 수 있는 장비를 건설하는 데 성공했다면, 솔라 세일 우주선이 달 근처를 지날 때, 달에 건설해 놓은 커다란 공장에서 강력한 레이저빔을 우주선에 쏘고, 그 힘을 받아 우주선은 더욱 빨라질 것이다.

솔라 세일의 문제점은 그 힘이 일반 로켓에 비하면 매우 약하기 때문에 오랫동안 강한 빛을 받아야 한다는 점이다. 게다가 돛에 해당하는 빛을 받는 판도 아주 커야 한다. 너비가 몇십 미터쯤 되는 판도 작은 수준이고 몇 킬로미터, 심지어 몇십 킬로미터짜리 판을 달고 있어야 할 수도 있다. 이런 거대한 판을 지구에서 우주로 한 번에 보내기는 매우 힘들기 때문에 작게 접은 판을 여러 개를 보내서 우주에서 펼치는 방법을 써야 한다. 그리고 가벼우면서도 넓고 오랜 시간 버틸 수 있는 판을 만들기 위해서는 매우 얇지만 튼튼한 판을 만들어 접었다가 펼치는 기술을 개발해야 할 필요도 있다.

다행히 기술이 발전하면서 솔라 세일 우주선의 판을 만들 수 있는 튼튼한 소재가 계속해서 개발되고 있다. 대표적으로 폴리이미드polyimide라고 하는 플라스틱 계통의 소재들은 얇고 튼튼하게 만들 수 있으면서도 높은 열에도 잘 견디는 것으로 유명하다. 그래서 우주선뿐만 아니라 핸드폰 화면을 튼튼하게 만드는 데에도 유용하게 사용할 수 있다. 그 때문에 2010년대에 우리나라의 플라스틱 회사에서도 매년 2,400억 원어치의 폴리이미드 관련 제품을 판매하기도 했을 정도다. 이런 식으로 더 좋은 소재들이 개발되면, 솔라 세일로 태양계 바깥을 탐험하는 일도 좀 더 현실적으로 발전할 것이다.

세 번째로 생각해 볼 수 있는 방법은 이온 엔진을 이용하는 방식이다. 이온이란 원자가 전기를 띄고 있는 상태를 말한다. 이온은 일상생활에서 일어나는 수많은 화학반응에서도 자주 나타나는 것으로 사람이 혀에서 짠맛을 느끼는 것도 전기를 띄고 있는 소듐이온을 몸속의 신경이 느끼기 때문이다. 전자제품에 들어가는 배터리에서도 이온을 이용해서 전기를 일으키는 화학반응을 항상 활용하고 있다.

우주선에서 사용하는 이온 엔진이란, 이렇게 전기를 띈 이온에 전기를 걸어서 빠르게 내뿜어지도록 하고 그 힘으로 우주선이 빠르게 날아가는 방식을 말한다. 즉, 이온 엔진이란 연료가 폭발하는 힘 대신에 전기의 힘을 이용해서 우주선을 움직이는 방식이라고 볼 수 있다.

이온 엔진의 장점은 전기를 이용하기 때문에 전기를 구할 수 있는 곳에서는 계속해서 우주선을 빠르게 밀어 준다는 점이다. 예를 들어서 태양전지판을 달고 있는 인공위성이라면 태양전지에서 얻는 전기의 힘으로 이온 엔진을 가동해서 인공위성을 움직일 수 있다. 그 외에도 어떤 방식이든 전기를 얻으면 그 힘으로 우주선을 움직이는 것이 가능하다. 이 때문에 이온 엔진은 일찌감치 사람들의 관심을 얻었고, 이미 20세기부터 실제로 개발되어 우주에서 실험해 본 사례도 여러 번 있었다.

이온 엔진의 단점은 그 힘이 너무 약하다는 것이다. 솔라 세일의 문제점과도 같다. 그래서 이온 엔진이나 솔라 세일은 중력이 강한 지구에서 무거운 우주선을 우주로 내보내는 용도로는 쓰기가 어렵다. 지구에서는 어지간한 이온 엔진을 작동시켜도 그 힘이 종이 한 장을 겨우 공중에 띄울 정도라는 말이 돌 정도다. 그래서 이온 엔진이나 솔라 세일은 일단 우주선이 지구의 중력에서 벗어나서 가볍게 날아다닐 수 있는 우주 공간으로 나간 후에, 그때부터 작동을 시켜야 쓸모가 있다.

일단 우주로 나가면, 이온 엔진의 힘이 약하다고 해도 대신 전기를 받아서 아주 오랫동안 계속해서 가동할 수가 있다. 이것은 보통 로켓과는 대조를 이루는 점이다.

지구에서 우주로 갈 때 사용하는 로켓은 보통 번쩍거리는 폭발을 이용해서 고작 몇 분, 몇십 분 정도 작동하는 것이 끝이다. 예를 들어서 2018년 11월에 누리호 로켓 엔진을 시험하기 위해 시험용 로켓을 발사했을 때는 고작 151초를 작동시킨 것이 전부였다. 그러나 이온 엔진은 몇 달, 심지어 몇 년 동안이라도 계속해서 작동할 수 있다. 종이 한 장을 겨우 띄울 수 있는 작은 힘이라도 이 정도로 오랫동안 끊임없이 우주선을 밀 수 있다면, 결국 우주선의 속력은 빨라지게 된다.

미래 시대에 우주선을 태양계 바깥으로 보내는 실험에서는 이 세 가지 방법을 모두 섞어서 함께 활용하고 있다. 빠르고 강한 힘이 필요한 곳에서는 원자로를 이용한 로켓을 보내고, 태양빛이 강하고 레이저빔 기지에서 힘을 받을 수 있는 곳에서는 솔라 세일을 이용한다. 그리고 그 외의 장소에서는 계속해서 이온 엔진을 이용해서 꾸준히 우주선의 속도를 높인다는 계획이다.

게다가 우주선을 밀어 주는 새로운 힘을 개발하는 것 이외에도, 또 한 가지 우주선을 멀리 보내기 위해 큰 도움이 되는 기술이 있다. 바로 우주선의 탐사 장비를 더 작고 가볍게 만드는 기술이다.

정보 통신이 개발되면서, 예전보다 훨씬 작은 크기로도 훨씬 성능이 좋은 컴퓨터를 만들 수 있게 되었다. 그 때문에 우주선을 자동으로 조종하고 우주선이 도착했을 때 외계 행성의 모습을 관찰하기 위한 장비를 모두 작은 크기로 만들 수 있게 되었다. 예전에는 사람만 한 커다란 상자 속에 넣어야 할 장비를 지금은 손톱만 한 작은 크기로 줄여서 만들 수 있다. 이렇게 우주선 속에 들어갈 장비가 가벼워지면, 같은 힘으로도 우주선은 훨씬 빨리 날아갈 수 있게 된다.

그 결과 미래에 날아갈 우주선은 한 번에 한 대가 날아가는 것이 아니라, 손가락 하나 만한 탐사 장치를 달고 있는 아주 작은 우주선 수십 대가 한꺼번에 목적지를 향해 날아간다. 머나먼 거리를 날아가는 동안 몇 대가 망가지고 부서지더라도, 운이 좋은 것 몇 대는 살아남아 도착하기를 기대하면서 발사하는 것이다.

별에 도착하는
날에는

지금 사람들에게 편지를 받고 있는 우주선도 바로 그런 방식으로 켄타우루스자리 알파별을 향해 날아갈 예정이다. 이 우주선은 그 안에 장치된 조그마한 컴퓨터 속에 수천 명, 수만 명이 보낸 이야기를 저장한 채로 50년 동안 날아가게 된다. 50년 동안 우주선은 태양계와 점점 멀어지고 목적지 별에 점점 가까워지며, 무엇이 보이는지, 무엇이 감지되는지를 쉴 새 없이 측정해서 지구로 보내 줄 것이다. 이런 정보는 태양계와 우주가 과연 어떤 곳인지, 태양계 바깥의 모습은 어떤지 더 정확하게 알아내는 데 큰 도움이 된다.

그리고 마침내, 50년 후 우주선이 켄타우루스자리 알파별 근처에 도착했을 때 지구와 같은 행성이 있고, 마침 그 행성에 외계인들이 살고 있다면, 그 외계인들은 지구에서 출발한 우주선을 발견할 것이다. 그때 우주선이 보내는 신호를 외계인들이 해독하는 데 성공한다면 외계인들은 컴퓨터에 접속하는 방법을 알아내어, 수많은 사람이 보낸 편지를 읽게 될지도 모른다.

정말 그런 일이 일어날 수 있을까? 가능성은 낮다. 우선 켄타우루스자리 알파별 근처에 지구와 비슷한 행성이 있을 가능성도 얼마나 될지 모르는 데다가, 설령 놀랍게도 지구와 비슷한 행성이 있다고 해도 그런 행성에서 생명이 생겨날 수 있느냐 하는 것은 또 다른 문제다. 어쩌면 지구와 성분이 비슷하고 온도와 비슷한 행성이 있다고 해도, 생명이라고는 전혀 없는 황무지뿐인 행성일지도 모른다. 생명이 있다고 할지라도, 지구의 세균이나 바이러스와 비슷한 생물들만 득실거릴 뿐 신호를 해독하고 대화를 할 수 있는 생명체가 있을 가능성은 더욱 낮다고 보는 편이 옳을지도 모른다.

그렇지만 이번에 보낸 우주선이 50년 후 태양계 바깥에 제법 신기하고 괜찮은 곳이 있을 수 있다는 소식만 전해 준다고 해도, 사람들이 다시 새로운 도전을 준비할 계기가 되기에는 충분하다. 어쩌면 그때는 사람이 직접 우주선을 타고 날아가 그곳을 개척하기 위해서, 50년 동안 생활할 수 있는 거대한 배와 같은 우주선을 만들자고 할지도 모를 일이다.

그렇게 되면, 끝없는 공간을 향해, 또 새로운 길을 찾아 사람들은 미래로 계속해서 나아갈 것이다.

참고문헌

1층 × 가전 코너

스마트폰을 충전하는 옷 × 미래 배터리

박영민. "리베스트 '플렉시블 배터리', 국무총리상 수상". ZDNet Korea. 2020. 5. 27.

Ferreira, D., Dey, A.K. and Kostakos, V. "Understanding human-smartphone concerns: a study of battery life". In International Conference on Pervasive Computing. 2011. 6. (pp. 19-33). Springer, Berlin, Heidelberg.

Iglesias-Émbil M, Valero A, Ortego A, Villacampa M, Vilaró J, Villalba G. "Raw material use in a battery electric car – a thermodynamic rarity assessment". Resources, Conservation and Recycling. 2020. 7. 1;158:104820.

Kong L, Li C, Jiang J, Pecht MG. "Li-ion battery fire hazards and safety strategies". Energies. 2018. 9;11(9):2191.

Linden D. 《Handbook of batteries and fuel cells》. McGraw-Hill. 1984.

Mude KN, Bertoluzzo M, Buja G. "Inductive characteristics of different coupling setups for wireless charging of an electric city-car". In 2014 IEEE International Electric Vehicle Conference (IEVC). 2014. 12. 17 (pp. 1-7).

IEEE.

Murata K, Izuchi S, Yoshihisa Y. "An overview of the research and development of solid polymer electrolyte batteries". Electrochimica acta. 2000. 1. 3;45(8-9):1501-8.

Narins TP. "The battery business: Lithium availability and the growth of the global electric car industry". The Extractive Industries and Society. 2017. 4. 1;4(2):321-8.

Pramanik PK, Sinhababu N, Mukherjee B, Padmanaban S, Maity A, Upadhyaya BK, Holm-Nielsen JB, Choudhury P. "Power Consumption Analysis, Measurement, Management, and Issues: A State-of-the-Art Review of Smartphone Battery and Energy Usage". IEEE Access. 2019. 12. 10;7:182113-72.

Subramanian VR, Boovaragavan V, Diwakar VD. "Toward real-time simulation of physics based lithium-ion battery models". Electrochemical and Solid State Letters. 2007. 9. 7;10(11):A255.

Sultanbek A, Khassenov A, Kanapyanov Y, Kenzhegaliyeva M, Bagheri M. "Intelligent wireless charging station for electric vehicles". In 2017 International Siberian Conference on Control and Communications (SIBCON). 2017. 6. 29 (pp. 1-6). IEEE.

Wang Q, Sun J, Chu G. "Lithium ion battery fire and explosion". Fire Safety Science. 2005;8:375-82.

Yoshino A. "The birth of the lithium-ion battery". Angewandte Chemie International Edition. 2012. 6. 11;51(24):5798-800.

사람보다 편안한 로봇 점원 × 지능형 로봇

강동철. "2년 뒤엔 우리 집에도 '로봇 집사'". 조선일보. 2018. 8. 23.

과학기술정보통신부 등. 《소셜 로봇의 미래》. 동진문화사. 2020.

곽재식. 《로봇 공화국에서 살아남는 법》. 구픽. 2016.

구본권. "아이보 따라하는 개, 로봇과 친구 될 수 있을까". 한겨레신문. 2018. 8. 20.

Epstein J, Klinkenberg WD. "From Eliza to Internet: A brief history of computerized assessment". Computers in Human Behavior. 2001. 5. 1;17(3):295-314.

Gollakota A, Srinivas MB. "Agribot—A multipurpose agricultural robot". In 2011 Annual IEEE India Conference. 2011. 12. 16 (pp. 1-4). IEEE.

Gordon G, Breazeal C, Engel S. "Can children catch curiosity from a social robot?". InProceedings of the Tenth Annual ACM/IEEE International Conference on Human-Robot Interaction. 2015. 3. 2 (pp. 91-98).

Kerepesi A, Kubinyi E, Jonsson GK, Magnússon MS, Miklósi Á. "Behavioural comparison of human–animal (dog) and human–robot (AIBO) interactions". Behavioural processes. 2006. 7. 1;73(1):92-9.

Sowjanya KD, Sindhu R, Parijatham M, Srikanth K, Bhargav P. "Multipurpose autonomous agricultural robot". In 2017 International conference of Electronics, Communication and Aerospace Technology (ICECA). 2017. 4. 20 (Vol. 2, pp. 696-699). IEEE.

Weizenbaum J. "ELIZA—a computer program for the study of natural language communication between man and machine". Communications of the ACM. 1966. 1. 1;9(1):36-45.

Yenorkar R, Chaskar UM. "GUI based pick and place robotic arm for multipurpose industrial applications". In2018 Second International Conference on Intelligent Computing and Control Systems (ICICCS). 2018. 6. 14 (pp. 200-203). IEEE.

모든 사람을 위한 컴퓨터 × 초저가 디스플레이

산업팀. "OLED · QLCD 패널 비용, 5년 후 30% 수준 ↓". 전파신문. 2020. 7. 5.

차주경. "[CES 2017] 두께 2.57mm 'LG 시그니처 올레드 TV W'…창 너머 풍경 보는 듯". IT조선. 2017. 1. 5.

Luo Z, Wu ST. "OLED versus LCD: Who wins?". Optics and Photonics News. 2015. 2;2015:19-21.

Patel BN, Prajapati MM. "OLED: a modern display technology". International Journal of Scientific and Research Publications. 2014. 6;4(6):1-5.

Pearce JM. "The case for open source appropriate technology". Environment, Development and Sustainability. 2012. 6. 1;14(3):425-31.

Ribble MS, Bailey GD, Ross TW. "Digital citizenship: Addressing appropriate technology behavior". Learning & Leading with technology. 2004. 9;32(1):6.

Sianipar CP, Yudoko G, Adhiutama A, Dowaki K. "Community empowerment through appropriate technology: Sustaining the sustainable development". Procedia Environmental Sciences. 2013. 1. 1;17:1007-16.

Yeom JM, Jung HJ, Choi SY, Lee DS, Lim SR. "Environmental effects of the technology transition from liquid-crystal display (LCD) to organic light-emitting diode (OLED) display from an E-waste management perspective". International Journal of Environmental Research. 2018. 8. 1;12(4):479-88.

Zelenika I, Pearce J. "Barriers to appropriate technology growth in sustainable development".

김복순. "[삼국유사]권3 [사불산 굴불산 만불산]조의 연구". 신라문화제학술발표논문집. 2016. 6;37:209-36.

박양한 저, 김동욱 옮김.《국역 매옹한록》. 보고사(2016). 1740년경.

서준. "자격루 복원과정과 의의". 고궁문화. 2007. 12;94-134.

유몽인 저, 신익철 등 옮김.《어우야담》. 돌베개(2006). 1622.

이긍익 저, 남만성 등 옮김.《연려실기술》. 한국고전종합DB(1967). 1806년경.

이방 등 저, 이민숙 등 옮김.《태평광기 제20권》. 학고방(2004). 980년경.

Chen Z, Li Z, Li J, Liu C, Lao C, Fu Y, Liu C, Li Y, Wang P, He Y. "3D printing of ceramics: A review". Journal of the European Ceramic Society. 2019. 4. 1;39(4):661-87.

Dunn JJ, Hutchison DN, Kemmer AM, Ellsworth AZ, Snyder M, White WB, Blair BR. "3D printing in space: enabling new markets and accelerating the growth of orbital infrastructure". Proc. Space Manufacturing. 2010. 10;14:29-31.

Godoi FC, Prakash S, Bhandari BR. "3d printing technologies applied for food design: Status and prospects". Journal of Food Engineering. 2016. 6. 1;179:44-54.

Inzana JA, Olvera D, Fuller SM, Kelly JP, Graeve OA, Schwarz EM, Kates SL, Awad HA. "3D printing of composite calcium phosphate and collagen scaffolds for bone regeneration". Biomaterials. 2014. 4. 1;35(13):4026-34.

Lee JY, An J, Chua CK. "Fundamentals and applications of 3D printing for novel materials". Applied Materials Today. 2017. 6. 1;7:120-33.

Ligon SC, Liska R, Stampfl J, Gurr M, Mülhaupt R. "Polymers for 3D printing and customized additive manufacturing". Chemical reviews. 2017. 8.

9:117(15):10212-90.

Shahrubudin N, Lee TC, Ramlan R. "An overview on 3D printing technology: technological, materials, and applications". Procedia Manufacturing. 2019. 1. 1;35:1286-96.

Wang X, Jiang M, Zhou Z, Gou J, Hui D. "3D printing of polymer matrix composites: A review and prospective". Composites Part B: Engineering. 2017. 2. 1;110:442-58.

Wong JY, Pfahnl AC. "3D printing of surgical instruments for long-duration space missions". Aviation, space, and environmental medicine. 2014. 7. 1;85(7):758-63.

Yang F, Zhang M, Bhandari B. "Recent development in 3D food printing". Critical reviews in food science and nutrition. 2017. 9. 22;57(14):3145-53.

2층 × 식료품 코너

바다에서 기르는 소고기 × 인공육

곽노필. "콩고기에서 배양육으로…세포농업시대 '성큼'". 한겨레신문. 2019. 5. 21.

김보라. "육즙까지 똑같은 맛…식물로 만든 '가짜고기' 한국상륙". 한국경제. 2018. 12. 9.

Baeshen NA, Baeshen MN, Sheikh A, Bora RS, Ahmed MM, Ramadan HA, Saini KS, Redwan EM. "Cell factories for insulin production". Microbial cell factories. 2014. 12. 1;13(1):141.

Bonny SP, Gardner GE, Pethick DW, Hocquette JF. "What is artificial meat and what does it mean for the future of the meat industry?". Journal of Integrative Agriculture. 2015. 2. 1;14(2):255-63.

Bonny SP, Gardner GE, Pethick DW, Hocquette JF. "Artificial meat and the future of the meat industry". Animal Production Science. 2017. 10. 17;57(11):2216-23.

DeSimone JA, Lyall V. "Taste receptors in the gastrointestinal tract III. Salty and sour taste: sensing of sodium and protons by the tongue". American Journal of Physiology-Gastrointestinal and Liver Physiology. 2006. 12;291(6):G1005-10.

Fellet M. "A fresh take on fake meat". ACS Cent Sci. 2015;1, 7, 347 – 349.

Godoi FC, Prakash S, Bhandari BR. "3d printing technologies applied for food design: Status and prospects". Journal of Food Engineering. 2016. 6. 1;179:44-54.

Goeddel DV, Kleid DG, Bolivar F, Heyneker HL, Yansura DG, Crea R, Hirose T, Kraszewski A, Itakura K, Riggs AD. "Expression in Escherichia coli of chemically synthesized genes for human insulin". Proceedings of the National Academy of Sciences. 1979. 1. 1;76(1):106-10.

Orzechowski A. "Artificial meat? Feasible approach based on the experience from cell culture studies". Journal of Integrative Agriculture. 2015. 2. 1;14(2):217-21.

Smith AP. "Nucleic Acids to Amino Acids: DNA Specifies Protein". Nature Education. 2008;1(1):126

하나씩 쌓아 올리는 초소형 농장 × 스마트 농장

곽도흔. "미래형 스마트팜 '수직형 농장' 기술도 한국이 선도한다". 이투데이.

2020. 6. 28.

Al-Kodmany K. "The vertical farm: A review of developments and implications for the vertical city". Buildings. 2018. 2;8(2):24.

Boonam N. "Optimal Plant Growth in Smart Farm Hydroponics System using the Integration of Wireless Sensor Networks into Internet of Things". Thailand, ASTES. 2017;2(3).

Despommir D, Ellington E. "The vertical farm: the sky-scraper as vehicle for a sustainable urban agriculture". In CTBUH 8th World Congress on Tall & Green: Typology for a Sustainable Urban Future. 2008. 3. (pp. 311-318).

Lork C, Cubillas M, Ng BK, Tan M. "Minimizing Electricity Cost through Smart Lighting Control for Indoor Plant Factories". arXiv preprint arXiv:2008.01325. 2020. 8. 4.

Muangprathub J, Boonnam N, Kajornkasirat S, Lekbangpong N, Wanichsombat A, Nillaor P. "IoT and agriculture data analysis for smart farm". Computers and electronics in agriculture. 2019. 1. 1;156:467-74.

O'Grady MJ, O'Hare GM. "Modelling the smart farm". Information processing in agriculture. 2017. 9. 1;4(3):179-87.

Yoon C, Huh M, Kang SG, Park J, Lee C. "Implement smart farm with IoT technology". In 2018 20th International Conference on Advanced Communication Technology (ICACT). 2018. 2. 11 (pp. 749-752). IEEE.

바로 먹는 선사 시대 과일 × 유전자 편집

Baeshen NA, Baeshen MN, Sheikh A, Bora RS, Ahmed MM, Ramadan HA, Saini KS, Redwan EM. "Cell factories for insulin production". Microbial cell factories. 2014. 12. 1;13(1):141.

Gaudry MJ, Jastroch M, Treberg JR, Hofreiter M, Paijmans JL, Starrett J, Wales N, Signore AV, Springer MS, Campbell KL. "Inactivation of thermogenic UCP1 as a historical contingency in multiple placental mammal clades". Science Advances. 2017. 7. 1;3(7):e1602878.

Goordial J, Altshuler I, Hindson K, Chan-Yam K, Marcolefas E, Whyte LG. "In situ field sequencing and life detection in remote (79°26′N) Canadian high arctic permafrost ice wedge microbial communities". Frontiers in microbiology. 2017. 12. 20;8:2594.

Liang P, Xu Y, Zhang X, Ding C, Huang R, Zhang Z, Lv J, Xie X, Chen Y, Li Y, Sun Y. "CRISPR/Cas9-mediated gene editing in human tripronuclear zygotes". Protein & cell. 2015. 5. 1;6(5):363-72.

Muers M. "Getting Moore from DNA sequencing". Nature Reviews Genetics. 2011. 9;12(9):586-.

Peplow M. "Malaria drug made in yeast causes market ferment". Nature. 2013. 2. 14;494(7436):160-1.

Shapiro B. "Pathways to de extinction: how close can we get to resurrection of an extinct species?". Functional Ecology. 2017. 5;31(5):996-1002.

Shendure J, Aiden EL. "The expanding scope of DNA sequencing". Nature biotechnology. 2012. 11;30(11):1084.

Smith AP. "Nucleic Acids to Amino Acids: DNA Specifies Protein". Nature Education. 2008;1(1):126

Tebas P, Stein D, Tang WW, Frank I, Wang SQ, Lee G, Spratt SK, Surosky RT, Giedlin MA, Nichol G, Holmes MC. "Gene editing of CCR5 in autologous CD4 T cells of persons infected with HIV". New England Journal of Medicine. 2014. 3. 6;370(10):901-10.

Tegenfeldt JO, Prinz C, Cao H, Chou S, Reisner WW, Riehn R, Wang YM, Cox EC, Sturm JC, Silberzan P, Austin RH. "The dynamics of genomic-length DNA molecules in 100-nm channels". Proceedings of the National Academy of Sciences. 2004. 7. 27;101(30):10979-83.

바닷물을 생수로 바꾸는 정수기 × 나노 기술

설성인. "삼성전자, 3나노 공정기술 세계 첫 개발… TSMC와의 경쟁 기술력으로 승부". 조선비즈. 2020. 1. 2.

이수기. "LG화학, 꿈의 소재 '탄소나노튜브' 증설…글로벌 수위권 생산업체로". 중앙일보. 2020. 4. 27.

Al Mutaz IS, Wagialia KM. "Production of magnesium from desalination brines". Resources, conservation and recycling. 1990. 6. 1;3(4):231-9.

Arbogast JW, Foote CS, Kao M. "Electron transfer to triplet fullerene C60". Journal of the American Chemical Society. 1992. 3;114(6):2277-9.

Clark J. "Atomic and Ionic Radius". LibreTexts. 2020. 8. 16.

D'Arrigo JS. "Screening of membrane surface charges by divalent cations: an atomic representation". Am J Physiol. 1978. 9. 23;5(3):C109-17.

Diallo M, Brinker CJ. "Nanotechnology for sustainability: environment, water, food, minerals, and climate". In Nanotechnology Research Directions for Societal Needs in 2020. 2011 (pp. 221-259). Springer, Dordrecht.

Falkner KK, Edmond JM. "Gold in seawater". Earth and Planetary Science Letters. 1990. 5. 1;98(2):208-21.

Glockler G. "Carbon-Oxygen bond energies and bond distances". The Journal of Physical Chemistry. 1958. 9;62(9):1049-54.

Guo D, Zhang D, Li N, Zhang L, Yang J. "A novel breath analysis system based on electronic olfaction". IEEE transactions on biomedical engineering. 2010. 7. 26;57(11):2753-63.

Ivanisevic A, Mirkin CA. ""Dip-Pen" nanolithography on semiconductor surfaces". Journal of the American Chemical Society. 2001. 8. 15;123(32):7887-9.

Kumar S, Ahlawat W, Bhanjana G, Heydarifard S, Nazhad MM, Dilbaghi N. "Nanotechnology-based water treatment strategies". Journal of nanoscience and nanotechnology. 2014. 2. 1;14(2):1838-58.

Lee SW, Yabuuchi N, Gallant BM, Chen S, Kim BS, Hammond PT, Shao-Horn Y. "High-power lithium batteries from functionalized carbon-nanotube electrodes". Nature nanotechnology. 2010. 7;5(7):531-7.

Liu J, Rinzler AG, Dai H, Hafner JH, Bradley RK, Boul PJ, Lu A, Iverson T, Shelimov K, Huffman CB, Rodriguez-Macias F. "Fullerene pipes". Science. 1998. 5. 22;280(5367):1253-6.

Mazzola L. "Commercializing nanotechnology". Nature biotechnology. 2003. 10;21(10):1137-43.

Saretzki G, von Zglinicki T. "Replicative aging, telomeres, and oxidative stress". Annals of the New York Academy of Sciences. 2002. 4;959(1):24-9.

Whitesides GM. "Nanoscience, nanotechnology, and chemistry". Small. 2005. 2;1(2):172-9.

Zhang Q, Huang JQ, Qian WZ, Zhang YY, Wei F. "The road for nanomaterials industry: A review of carbon nanotube production, post treatment, and bulk applications for composites and energy storage". Small. 2013. 4. 22;9(8):1237-65.

세계인의 연료, 썩연료 × 바이오 연료

김명화. "연간 폐기되는 바이오가스 16.5%". 환경미디어. 2020. 6. 4.

이병문, 김제관. "씨앤스페이스, 액체메탄 로켓엔진 개발". 매일경제. 2008. 3. 5.

정재락. "울산시 남는 메탄가스 기업체에 팔아". 동아일보. 2004. 9. 7.

한국에너지공단 신·재생에너지센터. "2017년 신재생에너지 산업통계". 한국
에너지공단 신·재생에너지센터. 2018. 9. 28.

Alam F, Mobin S, Chowdhury H. "Third generation biofuel from Algae".
Procedia Engineering. 2015; 105, 763-768.

Basen M, Schut GJ, Nguyen DM, Lipscomb GL, Benn RA, Prybol CJ,
…, Adams MW. "Single gene insertion drives bioalcohol production by a
thermophilic archaeon". Proceedings of the National Academy of Sciences.
2014; 111(49), 17618-17623.

Kuparinen K, Heinimö J, Vakkilainen E. "World's largest biofuel and pellet
plants - geographic distribution, capacity share, and feedstock supply".
Biofuels, Bioproducts and Biorefining. 2014; 8(6), 747-754.

Ma F, Hanna MA. "Biodiesel production: a review". Bioresource technology.
1999; 70(1), 1-15.

Parmar A, Singh NK, Pandey A, Gnansounou E, Madamwar D. "Cyanobacteria
and microalgae: a positive prospect for biofuels". Bioresource technology.
2011; 102(22), 10163-10172.

Shah YR, Sen DJ. "Bioalcohol as green energy-A review". Int J Cur Sci Res.
2011; 1(2), 57-62.

Sims RE, Mabee W, Saddler JN, Taylor, M. "An overview of second generation biofuel technologies". Bioresource technology. 2010; 101(6), 1570-1580.

Zamfirescu C, Dincer I. "Using ammonia as a sustainable fuel". Journal of Power Sources. 2008; 185(1), 459-465.

하늘을 나는 무인 택시 × 자율주행차

대한민국 국토교통부-첨단자동차기술과. "세계 최초 부분자율주행차(레벨3) 안전기준 제정". 대한민국 국토교통부 첨단자동차기술과 보도자료. 2020. 1. 3.

대한민국 국토교통부. "2019년 교통사고 사망자 3,349명, 전년 대비 11.4% 감소". 대한민국 정책브리핑. 2020. 3. 8.

이상서. "녹색어머니회, 아빠는 왜 가입 못하나요". 연합뉴스. 2018. 1. 2.

Ahmed SS, Hulme KF, Fountas G, Eker U, Benedyk IV, Still SE, Anastasopoulos PC. "The Flying Car— Challenges and Strategies Toward Future Adoption". Front. Built Environ. 2020. 7. 16.

Boudway I. "Waymo, Alphabet's Self-Driving Taxi Service, Takes the Slow Lane to Customer Acquisition". Fortune. 2019. 5. 9.

Buyval A, Gabdullin A, Mustafin R, Shimchik I. "Realtime vehicle and pedestrian tracking for didi udacity self-driving car challenge". In 2018 IEEE International Conference on Robotics and Automation (ICRA) (pp. 2064-2069) IEEE. 2018.

Dickmann J, Klappstein J, Hahn M, Appenrodt N, Bloecher HL, Werber K, Sailer A. "Automotive radar the key technology for autonomous driving: From detection and ranging to environmental understanding". In 2016 IEEE Radar Conference (RadarConf) (pp. 1-6) IEEE. 2016.

Göhring D, Wang M, Schnürmacher M, Ganjineh T. "Radar/lidar sensor fusion for car-following on highways". In The 5th International Conference on Automation, Robotics and Applications (pp. 407-412) IEEE. 2011.

Kim K, Hwang K, Kim H. "Study of an adaptive fuzzy algorithm to control a rectangular-shaped unmanned surveillance flying car". Journal of Mechanical Science and Technology. 2013; 27(8), 2477-2486.

Laris M. "Waymo launches nation's first commercial self-driving taxi service in Arizona". The Washington Post. 2018. 12. 5.

Postorino MN, Sarné GM. "Reinventing Mobility Paradigms: Flying Car Scenarios and Challenges for Urban Mobility". Sustainability. 2020; 12(9), 3581.

Saeed B, Gratton GB. "An evaluation of the historical issues associated with achieving non-helicopter V/STOL capability and the search for the flying car". The Aeronautical Journal. 2010; 114(1152): 91-102, . 2..

초등학생용 해킹 키보드 × 5G 활용 미래 교육

김영대. "'인구절벽' 도래… 2024년부터 일손 부족". 연합뉴스. 2020. 2. 29.

남궁민. "이제야 준비하는 학교 온라인 수업… '학원 인강'은 웃는다". 중앙일보. 2020. 4. 2.

노현웅. "합계출산율 역대 최저 0.92명 기록… 올해부터 '인구절벽'". 한겨레신문. 2020. 2. 26.

박경훈. "메가스터디 3년 만에 정상 탈환, 수능 인강 1위 경쟁 '후끈'". 이데일리. 2018. 7. 4.

신승민. "'인구절벽' 시대의 현실과 해법 "신산업 일자리 창출로 결혼 • 출산 여건 조성해야"". 월간조선. 2018. 9..

심주섭. ""꿈의 통신" 5G가 바꿀 세상". MSIT WEBZINE. 2018.

이진. "퀄컴 "5G 응용분야는 4G와 비교도 안될 만큼 광범위". IT조선. 2019. 5. 22.

이진경. "학교폭력 피해 실태조사 결과… '언어폭력 • 따돌림 多'". 한국경제. 2020. 1. 15.

허정원. "인구 절벽 현실로… 11월 기준 인구 자연증가율 첫 '마이너스'". 중앙일보. 2020. 1. 30.

Baldassarre MT, Santa Barletta V, Caivano D, Raguseo D, Scalera M. "Teaching Cyber Security: The HACK-SPACE Integrated Model". In ITASEC. 2019.

Ito K, Zhang S. "Willingness to pay for clean air: Evidence from air purifier markets in China". Journal of Political Economy. 2020; 128(5), 1627-1672.

Leuschner V, Fiedler N, Schultze M, Ahlig N, Göbel K, Sommer F, … , Scheithauer H. "Prevention of targeted school violence by responding to students' psychosocial crises: The NETWASS program". Child development. 2017; 88(1), 68-82.

Oh HJ, Nam IS, Yun H, Kim J, Yang J, Sohn JR. "Characterization of indoor air quality and efficiency of air purifier in childcare centers, Korea". Building and environment. 2014; 82, 203-214.

RedHat. "IT 보안의 이해". www.redhat.com/ko/topics/security (2020년 9월 18일 확인).

Trabelsi Z, McCoey M. "Ethical hacking in information security curricula". International Journal of Information and Communication Technology Education(IJICTE). 2016; 12(1), 1-10.

Von Solms R, Van Niekerk J. "From information security to cyber security". computers&security. 2013; 38 97-102.

Wilson B. "Teaching security defense through web-based hacking at the undergraduate level". Faculty Publications-Department of Electrical Engineering and Computer Science. 2017; 23.

녹색 창문 필름 × 기후변화 적응 기술

녹색기술센터. "기후변화에 대응하는 한국의 기후기술". 녹색기술센터. 2016.

고광본. "초분광기 쓴 천리안, 미세먼지 쫓는다". 서울경제. 2019. 12. 11.

주영재. "기후변화가 불러온 '매미나방의 습격'". 경향신문. 2020. 6. 13.

이상학. "돌발해충 '매미나방' 발생 작년의 3배… 강원도 방제 비상". 연합뉴스. 2020. 6. 9.

Aditya L, Mahlia TMI, Rismanchi B, Ng HM, Hasan MH, Metselaar HSC, … , Aditiya HB. "A review on insulation materials for energy conservation in buildings". Renewable and sustainable energy reviews. 2017; 73, 1352-1365.

Boers TM, Ben-Asher J. "A review of rainwater harvesting". Agricultural water management. 1982; 5(2), 145-158.

Bouwmeester J, Guo J. "Survey of worldwide pico-and nanosatellite missions, distributions and subsystem technology". Acta Astronautica. 2010; 67(7-8), 854-862.

Brunner D, Arnold T, Henne S, Manning A, Thompson RL, Maione M, … , Reimann S. "Comparison of four inverse modelling systems applied to the estimation of HFC-125, HFC-134a, and SF_6 emissions over Europe". Atmospheric Chemistry and Physics. 2017; 17(17), 10651-10674.

Ciferno JP, Fout TE, Jones AP, Murphy JT. "Capturing carbon from existing coal-fired power plants". Chemical Engineering Progress. 2009; 105(4), 33.

Doncaster B, Shulman J, Bradford J, Olds J. "SpaceWorks' 2016 Nano/ Microsatellite Market Forcast". Small Satellite Conference. 2016.

Downing TE, Patwardhan A, Klein RJ, Mukhala E, Stephen L, Winograd M, Ziervogel G. "Assessing vulnerability for climate adaptation". Cambridge University Press. 2005.

Foster J, Lowe A, Winkelman S. "The value of green infrastructure for urban climate adaptation". Center for Clean Air Policy. 2011; 750(1), 1-52.

Helmreich B, Horn H. "Opportunities in rainwater harvesting". Desalination. 2009; 248(1-3), 118-124.

Jang BJ, Kim SW, Song JH, Park HM, Ju MK, Park C. "Fundamental Characteristics of Carbon-Capturing and Sequestering Activated Blast-Furnace Slag Mortar". International journal of highway engineering. 2013; 15(2), 95-103.

Khoukhi M. "The combined effect of heat and moisture transfer dependent thermal conductivity of polystyrene insulation material: Impact on building energy performance". Energy and buildings. 2018; 169, 228-235.

Preston BL, Westaway RM, Yuen EJ. "Climate adaptation planning in practice: an evaluation of adaptation plans from three developed nations". Mitigation and adaptation strategies for global change. 2011; 16(4), 407-438.

Ryu BH, Lee S, Chang I. "Pervious Pavement Blocks Made from Recycled Polyethylene Terephthalate (PET): Fabrication and Engineering Properties". Sustainability. 2020; 12(16), 6356.

Walker G, Cass N. "Carbon reduction, 'the public' and renewable energy: engaging with socio technical configurations". Area. 2007; 39(4), 458-469.

Yang J, Gong P, Fu R, Zhang M, Chen J, Liang S, ..., Dickinson R. "The role of satellite remote sensing in climate change studies". Nature climate change.

2013; 3(10), 875-883.

Zeman FS, Lackner KS. "Capturing carbon dioxide directly from the atmosphere". World Resource Review. 2004; 16(2), 157-172.

출구 × 계산대와 특별 판매 코너

택배로 배송되는 건축물 × 모듈화 건축

류장훈. "대나무 마디 원리로 세운 기둥 828m 세계 최고층 탄생 비결". 중앙선데이. 2015. 8. 16.

온라인이슈팀기자. "'155층 투명 유리 화장실' 있는 곳". ZDNet Korea. 2013. 4. 15.

최현진. "초고층이 도시 살린다 〈1〉 세계는 마천루 경쟁 중". 국제신문. 2014. 1. 20.

조재환. "엘리베이터도 모빌리티… 로봇 친화 빌딩 만들어야". ZDNet Korea. 2020. 7. 15.

Adeli H, Park HS. "Fully automated design of super-high-rise building structures by a hybrid AI model on a massively parallel machine". AI Magazine. 1996; 17(3), 87-87.

Aliabdo AAE. "Reliability of using nondestructive tests to estimate compressive strength of building stones and bricks". Alexandria Engineering Journal. 2012; 51(3), 193-203.

Blismas N, Pasquire C, Gibb A. "Benefit evaluation for off site production in construction". Construction management and Economics. 2006; 24(2), 121-130.

Clifton JR, Carino NJ. "Nondestructive evaluation methods for quality acceptance of installed building materials". J Res Nat Bur Stand. 1982; 87(5), 407.

de Jong J. "Advances in elevator technology: Sustainable and energy implications". In Proceedings of the CTBUH 8th World Congress (pp. 212-217). 2008.

Fuller A, Fan Z, Day C, Barlow C. "Digital Twin: Enabling Technologies, Challenges and Open Research". IEEE Access. 2020; 8, 108952-108971.

Kashef M. "The race for the sky: Unbuilt skyscrapers". Council on Tall Building and Urban Habitat (CTBUH) Journal. 2008; (1), 9-15.

Korniyenko S. "Complex analysis of energy efficiency in operated high-rise residential building: Case study". In E3S Web of Conferences (Vol. 33, p. 02005) EDP Sciences. 2018.

Lacey AW, Chen W, Hao H, Bi K. "Structural response of modular buildings - an overview". Journal of building engineering. 2018; 16, 45-56.

Ramaji IJ, Memari AM. "Identification of structural issues in design and construction of multi-story modular buildings". In Proceedings of the 1st Residential Building Design and Construction Conference (pp. 294-303). 2013.

Raji B, Tenpierik MJ, Van den Dobbelsteen A. "Early-stage design considerations for the energy-efficiency of high-rise office buildings". Sustainability. 2017; 9(4), 623.

Sakin M, Kiroglu YC. "3D Printing of Buildings: Construction of the Sustainable Houses of the Future by BIM". Energy Procedia. 2017; 134, 702-711.

Sachs HM. "Opportunities for elevator energy efficiency improvements". Washington, DC: American Council for an Energy-Efficient Economy. 2005.

Sachs H, Misuriello H, Kwatra S. "Advancing elevator energy efficiency". Report A1501. 2015.

Schabowicz K, Hola J. "Nondestructive elastic-wave tests of foundation slab in office building". Materials Transactions. 2012; 53(2), 296-302.

Scholl KU, Kepplin V, Berns K, Dillmann R. "Controlling a multi-joint robot for autonomous sewer inspection". In Proceedings 2000 ICRA. Millennium Conference. IEEE International Conference on Robotics and Automation. Symposia Proceedings (Cat. No. 00CH37065) IEEE. 2000; (Vol. 2, pp. 1701-1706).

Tay YWD, Panda B, Paul SC, Noor Mohamed NA, Tan MJ, Leong KF. "3D printing trends in building and construction industry: a review". Virtual and Physical Prototyping. 2017; 12(3), 261-276.

달 기지와 화성 기지 × 우주 생활

강일용. "정부, 한국형 로켓과 달 탐사 궤도선 개발 착수". 아주경제. 2020. 3. 8.

박상준. "시대를 너무 앞서갔던 초음속 여객기 '콩코드'". 한겨레신문. 2018. 5. 7.

박방주. "[나로호 Q&A] 로켓 전체 무게는 140t… 인공위성은 100kg". 중앙일보. 2016. 6. 9.

윤보람. "성큼 다가온 수소경제… 현대차그룹 수소차 전략도 '탄력'". 연합뉴스. 2019. 1. 17.

조승한. "체중 늘리고 궤도 바꾼 한국 첫 달탐사선 사업 어떻게 진행되고 있나". 동아사이언스. 2020. 4. 20.

홍대선. "현대차그룹 "2030년 수소전기차 연간 50만대 생산"". 한겨레신문. 2018. 12. 11.

Bhosale MVK, Kulkarni SG, Kulkarni PS. "Ionic liquid and biofuel blend: a low – cost and high performance hypergolic fuel for propulsion application". ChemistrySelect. 2016; 1(9), 1921 – 1925.

Borra EF. "The case for a liquid mirror in a lunar – based telescope". The Astrophysical Journal. 1991; 373, 317 – 321.

Burns JO, Mendell WW. "Future Astronomical Observatories on the Moon". NASA Conference Publication 2489. 1988.

Cragg AS, Cragg PJ. "Hydrogen – an element for the Space Age!". School Science Review. 2019; 100(374), 31 – 35.

Duri LG, El – Nakhel C, Caporale AG, Ciriello M, Graziani G, Pannico A, ... , Adamo P. "Mars Regolith Simulant Ameliorated by Compost as In Situ Cultivation Substrate Improves Lettuce Growth and Nutritional Aspects". Plants. 2020; 9(5), 628.

Freedman WL, Madore BF, Gibson BK, Ferrarese L, Kelson DD, Sakai S, ... , Huchra JP. "Final results from the Hubble Space Telescope key project to measure the Hubble constant". The Astrophysical Journal. 2001; 553(1), 47.

Gröller H, Montmessin F, Yelle RV, Lefèvre F, Forget F, Schneider NM, ... , Jain SK. "MAVEN/IUVS stellar occultation measurements of Mars atmospheric structure and composition". Journal of Geophysical Research: Planets. 2018; 123(6), 1449 – 1483.

Han W, Lee DH, Jeong WS, Park Y, Moon B, Park SJ, ... , Seon KI. "Miris: A compact wide – field infrared space telescope". Publications of the Astronomical

Society of the Pacific. 2014; 126(943), 853.

Hitt D. "What Was the Saturn V?". NASA Knows!. 2010. 9. 17.

Jakosky BM, Edwards CS. "Inventory of CO_2 available for terraforming Mars". Nature astronomy. 2018; 2(8), 634-639.

Jakosky BM, Slipski M, Benna M, Mahaffy P, Elrod M, Yelle R, ..., Alsaeed N. "Mars' atmospheric history derived from upper-atmosphere measurements of 38Ar/36Ar". Science. 2017; 355(6332), 1408-1410.

Jones M, Li CH, Afjeh A, Peterson GP. "Experimental study of combustion characteristics of nanoscale metal and metal oxide additives in biofuel (ethanol)". Nanoscale research letters. 2011; 6(1), 246.

Johnson JR, Swindle TD, Lucey PG. "Estimated solar wind implanted helium-3 distribution on the Moon". Geophysical Research Letters. 1999; 26(3), 385-388.

Kulkarni T, Dharne A, Mortari D. "Communication architecture and technologies for missions to moon, mars, and beyond". In 1st Space Exploration Conference: Continuing the Voyage of Discovery (p. 2778). 2005.

Lin TD. "Concrete for lunar base construction". In Lunar bases and space activities of the 21st century (p. 381). 1985.

MacElroy RD, Klein HP, Averner MM. "The evolution of CELSS for lunar bases". In Lunar bases and space activities of the 21st Century (p. 623). 1985.

McKay DS, Carter JL, Boles WW, Allen CC, Allton JH. "JSC-1: A new lunar soil simulant". Engineering, construction, and operations in space IV. 1994; 2, 857-866.

O'Brien BJ. "Paradigm shifts about dust on the Moon: From Apollo 11 to

Chang'e-4". Planetary and Space Science. 2018; 156, 47-56.

Pittman RB, Harper LD, Newfield ME, Rasky DJ. "Lunar Station: The Next Logical Step in Space Development". New Space. 2016; 4(1), 7-14.

Sauer RL. "Metabolic support for a lunar base". In Lunar Bases and Space Activities of the 21st Century (p. 647). 1985.

Stockman HS. "Space and lunar-based optical telescopes". NASA Lyndon B Johnson Space Center Future Astronomical Observatories on the Moon. 1988.

Taylor LA, Meek TT. "Microwave sintering of lunar soil: properties, theory, and practice". Journal of Aerospace Engineering. 2005; 18(3), 188-196.

Turkevich AL. "Comparison of the analytical results from the Surveyor, Apollo, and Luna missions". In Lunar and Planetary Science Conference Proceedings (Vol. 2, p. 1209). 1971.

Vasavada AR, Paige DA, Wood SE. "Near-surface temperatures on Mercury and the Moon and the stability of polar ice deposits". Icarus. 1999; 141(2), 179-193.

Verseux C, Baqué M, Lehto K, de Vera JPP, Rothschild LJ, Billi D. "Sustainable life support on Mars - the potential roles of cyanobacteria". International Journal of Astrobiology. 2016; 15(1), 65-92.

외계인에게 보내는 편지 × 태양계 바깥 탐사

강기헌. "'100% 국산' 누리호 시험발사체, 151초 날아 올랐다". 중앙일보. 2018. 11. 28.

구은서. "'꿈의 소재' 투명 폴리이미드 개발… "1~2년내 외국산 전량 대체"". 한국경제. 2019. 9. 10.

권기균. "우리 은하엔 별 최대 4000억 개… 직경 10만 광년, 두께 1000광년". 중앙선데이. 2011. 9. 4.

이경탁. "韓 스마트폰도 타격 투명 폴리이미드 공급 1년 차질". 조선비즈. 2017. 7. 2.

이영환. "한국 첫 우주발사체 나로호 발사 D-1… 위성 안착시킬 고체로켓 개발 과정". 조선일보. 2009. 8. 18.

이정혁. "'日 100% 의존' 폴리이미드 도료 국산화 성공". 머니투데이. 2019. 8. 16.

이현경, 박근태. "상중에도 폭발사고에도 나로호 개발 멈추지 않았다". 동아일보. 2009. 8. 18.

최인준. "엔진 연소시간 151초… 2021년 본발사 '7부 능선' 넘다". 조선일보. 2018. 11. 29.

Antonelli R, Klotz AR. "A smooth trip to Alpha Centauri: Comment on "The least uncomfortable journey from A to B"[Am. J. Phys. 84 (9) 690 –695]". American Journal of Physics. 2017; 85(6), 469–472.

Baxter S. "Project Icarus: Exploring Alpha Centauri: Trajectories and Strategies for Subprobe Deployment". JBIS. 2016; 69, 11 -19.

Brusatte SL, Butler RJ, Barrett PM, Carrano MT, Evans DC, Lloyd GT, … , Williamson TE. "The extinction of the dinosaurs". Biological Reviews. 2015; 90(2), 628–642.

Cockell CS. "Life on venus". Planetary and Space Science. 1999; 47(12), 1487-1501.

Davila AF, Schulze-Makuch D. "The last possible outposts for life on Mars". Astrobiology. 2016; 16(2), 159-168.

Fu B, Sperber E, Eke F. "Solar sail technology—a state of the art review".

Progress in Aerospace Sciences. 2016; 86, 1-19.

Gilbertson RG, Busch JD. "A survey of micro-actuator technologies for future spacecraft missions. Journal of the British Interplanetary Society". 1996; 49(4), 129-138.

Greaves JS, et. al.. "Phosphine gas in the cloud decks of Venus". Nature Astronomy. 2020; doi.org/10.1038/s41550-020-1174-4.

Kunimoto M, Matthews JM. "Searching the Entirety of Kepler Data. II. Occurrence Rate Estimates for FGK Stars". The Astronomical Journal. 2020; 159(6), 248.

Miller TJ, Bennett GL. "Nuclear propulsion for space exploration". Acta Astronautica. 1993; 30, 143-149.

Niccolai L, Quarta AA, Mengali G. "Analytical solution of the optimal steering law for non-ideal solar sail". Aerospace Science and Technology. 2017; 62, 11-18.

Nishiyama K, Hosoda S, Ueno K, Tsukizaki R, Kuninaka H. "Development and testing of the Hayabusa2 ion engine system". Transactions of the Japan Society for Aeronautical and Space Sciences, Aerospace Technology Japan. 2016; 14(ists30), Pb_131-Pb_140.

Okuizumi N, Mori O, Matsumoto J, Saito K, Sakamoto H, Kayaba A, Shirasawa Y. "Development of deployment structures and mechanisms of spinning large solar power sail". In 4th International Symposium on Solar Sailing (No. 17043). 2017.

Phipps CR, Luke JR, McDuff GG, Lippert T. "Laser-driven micro-rocket". Applied Physics A. 2003; 77(2), 193-201.

Pino T, Circi C. "A star-photon sailcraft mission in the Alpha Centauri system". Advances in Space Research. 2017; 59(9), 2389-2397.

Reynolds GH. "Nuclear rockets could open up solar system and help settle space And NASA is interested". USA TODAY. 2019. 3. 11.

Shepherd LR. "Performance criteria of nuclear space propulsion systems". JBIS. 1999; 52, 328-335.

Smith RA. "Navigation to the Alpha Centauri System". JBIS. 2016; 69, 379-389.

van Vledder I, van der Vlugt D, Holwerda BW, Kenworthy MA, Bouwens RJ, Trenti M. "The size and shape of the Milky Way disc and halo from M-type brown dwarfs in the BoRG survey". Monthly Notices of the Royal Astronomical Society. 2016; 458(1), 425-437.

Wallenhorst SG. "The Drake equation reexamined". Quarterly Journal of the Royal Astronomical Society. 1981; 22, 380.

Zhang Z, Tang H, Zhang Z, Wang J, Cao S. "A retarding potential analyzer design for keV-level ion thruster beams". Review of Scientific Instruments. 2016; 87(12), 123510.

Zhao L, Fischer D A, Brewer J, Giguere M, Rojas-Ayala B. "Planet Detectability in the Alpha Centauri System". The Astronomical Journal. 2017; 155(1), 24.

곽재식의 미래를 파는 상점
SF 소설가가 그리는 미래과학 세상

초판 1쇄 2020년 12월 28일
초판 5쇄 2023년 1월 10일

지은이 곽재식

펴낸이 김한청
기획편집 원경은 김지연 차언조 양희우 유자영 김병수 장주희
마케팅 최지애 현승원
디자인 이성아 박다애
운영 최원준 설채린

펴낸곳 도서출판 다른
출판등록 2004년 9월 2일 제2013-000194호
주소 서울시 마포구 양화로 64 서교제일빌딩 902호
전화 02-3143-6478 팩스 02-3143-6479 이메일 khc15968@hanmail.net
블로그 blog.naver.com/darun_pub 인스타그램 @darunpublishers

ISBN 979-11-5633-307-4 (43500)